基于税收调查的民族地区企业
环保投资效益分析

黄　涛　著

知识产权出版社

全国百佳图书出版单位

图书在版编目（CIP）数据

基于税收调查的民族地区企业环保投资效益分析 /黄涛著. — 北京：知识产权出版社，2018.8

ISBN 978-7-5130-5694-6

Ⅰ.①基… Ⅱ.①黄… Ⅲ.①民族地区－企业环境管理－环保投资－经济效益－研究－中国 Ⅳ.①X196

中国版本图书馆 CIP 数据核字（2018）第163835号

内容提要

本书是经济学研究的新成果，对税收数据深度应用、民族地区企业环保投资、经济增长极形成等研究，具有借鉴与指导意义，可供从事环保投资、生态治理、区域经济发展和产业转型升级的研究人员和政府机构的相关工作人员参考。

责任编辑：于晓菲　　　　　　　　　　　　　　责任印制：孙婷婷

基于税收调查的民族地区企业环保投资效益分析
JIYU SHUISHOU DIAOCHA DE MINZU DIQU QIYE HUANBAO TOUZI XIAOYI FENXI
黄　涛　著

出版发行：知识产权出版社有限责任公司	网　　址：http：// www.ipph.cn
电　　话：010－82004826	http：// www.laichushu.com
社　　址：北京市海淀区气象路50号院	邮　　编：100081
责编电话：010－82000860转8363	责编邮箱：yuxiaofei@cnipr.com
发行电话：010－82000860转8101	发行传真：010－82000893
印　　刷：北京中献拓方科技发展有限公司	经　　销：各大网上书店、新华书店及相关专业书店
开　　本：720mm×960mm　1/16	印　　张：12.25
版　　次：2018年8月第1版	印　　次：2018年8月第1次印刷
字　　数：180千字	定　　价：68.00元

ISBN 978 - 7 - 5130 - 5694 - 6

前　言

我国经济在以新发展理念为指导、实施以供给侧结构性改革为主线的政策框架下,经济发展质量和效益在逐步提高;发展方式、速度、增长动力、产业结构,以及能源结构总体上也趋于环保目标。但民族地区作为以传统产业为主的地区,环境改善的压力较大。因为在主体功能区规划下,民族地区又多为限制和禁止开发区域,环保和生态补偿问题凸显,敏感脆弱的区域特点,使民族地区企业承担着经济和社会发展的双重重任。在实现经济和环境关系的内在统一上,通过企业内部环保投资策略实现企业转型,形成民族地区稳定的经济增长极,已得到政府和一些学者广泛关注。

通过对2012—2015年八省区28个行业137家企业的面板数据进行回归分析,发现我国民族地区每个企业环保投资的产出弹性存在行业差异,环保投资产出弹性均为正值,环保投资都能够促进企业经济增长。环保投资经济贡献率年均值前5名行业是铁路、船舶、航空航天和其他运输设备制造业(20.22%),汽车制造业(17.13%),其他制造业(15.08%),批发业(11.34%)以及烟草制品业(5.47%)。就截面来看,除了上述5个行业,其他的24个行业的年度差异不大,基本在2%以下。环保投资对企业经济增长贡献率的差异值并没有明显的行业特征。民族地区行业之间企业环保投资对于其经济增长的贡献率和环保投资的产出弹性二者的波动趋势是相同的。企业环保投资经济增长贡献率的年度均值后5位是煤炭开采和洗选业(0.033%),有色金属矿采业(0.11%),造纸和纸制品业(0.39%),石油加工、炼焦和核燃料加工业(0.41%),黑色金属冶炼和压延加工业(0.63%)。以计算机、通信和其他电子设备制造业(贡献率年度均值为4.95%)为代表的高科技企业,其环保投入带来的经济增长较为明显。结合环保目的在内的投资策略确保了高科技行业环保技术的进步,从环保投资的规模和运营效率两方面促进了生产率提高。

区域层面,民族八省区企业环保投资的产出弹性存在区域差异。广西、新疆、内蒙古、贵州、云南、宁夏、西藏7省区企业环保投资的增加能够促进其经济效益增长,而青海省企业的环保投资增加反而减缓了经济增长的速度。值得关注的是贵州省,环保产出弹性甚至高于参照省份广东。除贵州、内蒙古和宁夏外,其余省区环保投资为企业带来的经济增长都没有其他投资(建设资金)的经济效益好。企业环保投资对其经济增长的影响程度即投资对销售收入增加的贡献也存在较大差异,从截面来观察贡献率年度差异,除了贵州(8%)、西藏(5%)外,其他6个省区的年度差异不大,基本在3%以下。企业环保投资对其经济增长贡献率的差异值并没有明显的经济地带的地域特征。民族地区的企业环保投资对于经济增长的贡献率和环保投资的产出弹性二者的波动趋势相同,民族地区企业环保投资对销售收入的贡献率主要由环保投资的产出弹性决定。贵州的环保产出弹性为9.29%,青海为-0.6%,解释了为何青海省和贵州省都有着类似的环保投资与销售收入增长率之比,而贵州的环保投资贡献表现更突出。

行业方面,本书认为传统制造行业环保投入的经济绩效能够有卓越表现,但需进行改造。政府应鼓励制造行业在产品研发、原料选择、工艺设计、技术进步、生产管理的各环节都与环保企业结合;依托制造环保产业园的统筹规划,配套制造业适用的环保企业,形成共享共生、互相满足资源诉求的产业生态。区域方面,本书建议加速培育创新性高科技产业,运用基于行业的财税优惠政策和信贷手段,培育该类企业成长。尤其对民族地区的中小企业,应善用风险投资、个人家庭的直间接融资;建立环保投资基金等手段,收拢闲散资金。学理方面,建议在研究制定企业层面环保投资对经济增长的政策时不宜采用统一的区域性政策。因地制宜,尊重、符合民族地区的行业规律,及早地使行业政策匹配环境规制增强的步伐,促使民族地区企业跨越治污门槛,完成产业转移与结构升级。

本书在如下三个方面取得进展:

第一,以书面形式测算了民族地区各行业企业环保投入的产出弹性,以及对企业经济效益的贡献值。从研究范围来看,本书充分借鉴以往所做的关于中国企业环保及绿色投入的研究,却不再单纯地做效益增长的因素分析、要素份额分析,而是针对环境规制严格的环境政策背景和民族地区区位、产业特点,通过分行业、分区域的实证分析,来探讨民族地区企业环保投入的增加对企业自身效益的影响程度;用治理废水、废气设备运行维护投入与销售收入构建环保投入对效益增长贡献率模型,实证分析了环保投资影响的结果,包括对环保投资产出弹性、贡献率的计算。在C-D生产函数下,完成了民族地区企业经济总产出变化的合理逻辑推导,具体从环保要素投入结构的变化引出了要素边际产出弹性的变化,进而推动经济增长。本书首先用随机效应模型估计,发现变量参数估计显著度较高,无法通过检验。经过进一步进行Hausman检验,建立变系数的固定效应模型,用以考察民族地区企业环保投资额与经济增长(销售收入)的关系,由此得到民族地区28个行业的环保投资产出弹性。

本书设定并计算出环保投资对企业经济效益的贡献率;进而清晰地观测到各行业、各省区企业环保投资对销售收入增长的贡献率的平均值。引入平均标准差的差异指数,测算4年中行业间、省域间的贡献率的绝对差异情况。最终明确了行业层面环保投入对企业效益的影响方向、行业的贡献率年度差异,以及贡献率差异的变动轨迹;总结出环保投资产出弹性较大的省份、贡献率较高的省份,排列了促进效果较为明显的省区以及贡献率较低的省区,为后续提出政策建议提供了依据。

第二,在我国引入国外研究环保投入与出口绩效之间关系的绿色有形资产投资策略,得出了相同的研究成果,即企业环保方面的投资可以提升企业生产率,最终提升企业面对沉没成本的能力。

本书在环保资产投资和管理实践方面,完善了GTIS,即绿色有形资产投资策略的范畴规定,将企业环保设备使用中的维护费用、治理及运维费用一并界定为环保投入。在上述部分讨论的基础上,本书汲取了Green CDM Model的关键元素,将环保投入、劳动力、研发和人力资本界定为主要的投入源,生产率作为调整后的生产函数的一项剩余,从而统筹考虑了环保导向投资策略通过环保信号的直接影响路径,以及由环保投资导向策略引致提高的生产率,为本研究领域进一步完善企业环保投资策略与企业生产率提高、销售强度和可能性增强,以及竞争力提高扩展了分析范畴的思路和范式。

第三,通过民族地区各行业、各地域两个层面对民族地区企业环保投资的效益问题进行了综合性的描述。根据目前有关研究成果,环境保护投资对企业经济绩效的影响存在不确定性,究其原因主要是行业选择差异性造成的,很多文献都是以某一个具体产业来研究环保投资对企业经济绩效的影响程度与方向,结论也就存在显著与不显著,正负效应并存的不确定性结论。区域选择也是以某一地区为研究对象,缺乏系统研究。如有研究者选取全国各省级区域进行测算,照顾到区域结论的同时,缺失了对行业特点的考量。因此,本书从28个行业和8个区域两个视角分析环保投资对我国少数民族企业经济绩效的影响,为我国分行业、分区域制定环保投资政策提供理论依据。

目　　录

绪　　论

一、选题的背景和研究意义

（一）研究背景及问题的提出

党的十八大及十八届三中、四中、五中全会公布的一系列顶层设计，都突出了党中央和国务院已将生态文明建设、资源可持续开发、环境保护作为下一阶段国家发展基础性的战略目标。2016年12月，习近平总书记在相关文件批示中专门就生态文明建设做出指示，他将我国的生态文明建设纳入"五位一体"总体布局以及"四个全面"战略布局之中。从中央到地方的各级政府都要贯彻新发展理念，树立"绿水青山就是金山银山"的环保意识。我国生态文明建设的战略定位进一步明确，生态文明建设的任务目标已经确立并有效落实。加快生态文明建设的重要性、紧迫性日益突出。

我国经济增长的内涵品质和效益，在不断适应新常态发展节奏、实施供给侧结构性改革的背景下，正逐渐提高。无论是发展手段、增长速度、内部潜力、产业重新布局、能源结构持续优化，都反映了整体的环保观。但是当前经济下行，区域之间的行业分化问题凸显。中西部特别是民族地区，传统行业密集，环境优化、经济发展的并行压力极大。东部地区稳定的增长极已度过了环境质量较差的发展阶段，而其重化工等项目开始向西转移，投资规模也同步增大，产业转移和资金流动的方向较为明显。

近年来,中央也在经济工作层面提出稳中求进的方法和观点,统筹发展好改革、发展、稳定和保护的关系,对粗放式、单一式的发展要敢于抛弃,尤其是在处理旧问题和寻找新动能上抓住方向、把控节奏,平衡力度,向高效、高水准、公平持续的目标发展。特别对西部民族地区提出要坚决守住环境底线和空间。

在全国主体功能区规划下,民族地区多为限制开发区域和禁止开发区域,民族地区的环境保护和生态补偿问题更加凸显。我国生态环境功能重要区域类型多、分布广,且往往由大量敏感和脆弱的区域组成。民族地区正具备着这样的发展特性,承担着当地经济和社会发展重任的同时,也在积极应对保护和发展这对矛盾。如何积极稳妥迈进创新和绿色的发展阶段,实现环境与经济关系的内在统一,在环境治理现代化的同时,通过企业内部的环保投资策略,完成企业转型,形成民族地区稳定的经济增长极,应引起学界高度重视。

(二)国家层面对民族地区环保的高度重视

1. 对民族地区高度关注的原因

近年来,民族地区依靠其特有的资源禀赋优势、区位优势,主动承接了部分东部地区迁移而来的资源密集型与污染型产业与企业,为实现全国整体性的产业结构优化做出了巨大贡献,同时也为民族地区人民引入了更多的发展机会与就业机会。然而这一产业迁移过程衍生出来的聚集经济及其"环境外溢效应",也引起了国家层面对民族地区环保的持续关注。

数据层面显示民族地区环保投资力度较弱,环境污染与破坏有加重趋势,应当引起相关部门关注。这主要体现在环保投资的弹性系数等宏观指标上。衡量一个地区环保投资水平的重要标准,即环保投资的弹性系数通常用环保投资与GDP的比值表示。从宏观上看,近年来民族地区

的该项指标值普遍低于其他地区的平均水平。❶

　　首先,在处理资源开发利用与实施同步保护方面,民族地区政府、企业对当地环保投资的重视力度还不够,造成部分地区环境损害严重,影响人民正常生产生活,而这绝非"一日之功"。部分地区为追求更高的经济发展速度,采用粗放的、环境不友好的开发模式对当地不可恢复资源造成了整体损害。尤其是,资源优势结合地理劣势,以及民族地区同时兼具的地形复杂、气候多变、降水不均及地质结构特殊的区位和地缘劣势都加剧了这一开发模式所带来的损害。例如,个别民族地区由于其特殊的风貌及资源特性,该地区地表、地下资源的综合开采利用、企业的排污治理成为摆在该地区经济发展、企业发展与人民生活面前的重要利益平衡难题。处理不好这一平衡发展的问题,就可能出现诸如鄂尔多斯伊金霍洛旗因采煤造成的耕地塌陷、林地草地面积减少的环保事件。

　　其次,国家对民族地区环保问题的持续关注还在于扭曲的价格体系。如缺乏必要的环境规制压力,环境资源的损益成本(索取及排污造成的损害)并未计入企业的生产投入等。基于"原料低价、产品高价、资源无价"的价值判断,民族地区企业无法将自身个别(局部)价值服从于整体价值,从而缺乏节约原料、能源等生产性投入、利用环节的节约考虑和有序规划。而节约意识的缺失,则加速了生产过程中不可再生、可枯竭型资源的消耗❷。

　　最后,在经济战略方面,民族地区追逐的现代化发展目标,也在很大程度上加速了民族地区生态环境的破坏。现代化发展目标使得民族地区政府一味模仿、参照东部地区的发展战略,沿袭其内核,持续实施传统型的现代化追赶战略。结果,资源开发导向性发展战略不但造成了民族

❶叶丽娟.环保投资对区域经济增长影响的差异研究[D].广州:暨南大学硕士学位论文,2011.

❷李敏.环境价值论与西部民族地区经济发展的结合研究[J].贵州民族研究,2013(5):112-115.

地区在产业构成上的向东趋同,而且还去除了原有的民族特点和特殊性。不加以改造地一味模仿、照抄东部的发展模式,势必会走先污染后治理的老路,那么必将被迫选择性地去忽视民族地区的比较优势和自身特点。

如果总是固守传统老路不可逾越、必须经历的观念,那么民族地区选择的经济发展路径、战略无疑将是绝对化模仿及教条化盲从。其工业、产业、技术等发展特征,以及生态资源的开发利用特征,都将趋同于中东部地区。实际情况正是如此。由此引发的经济外部性等不可持续的"发展病症状",以及相伴相生的高消耗、高能耗、高污染、植被破坏、草场退化等生态环境恶化问题也日益突显❶。

长久以来,占据中国整体经济发展思想主流地位的功利主义导致经济增长逼近甚至超越生态边界❷。随着发展观念的进步与机制完善,在民族地区应采取什么样的发展战略的问题上,也应当更加审慎地考虑自然环境的承载能力。

综合考虑经济系统和自然系统之间本来就存在的复杂交互关系,自然系统和社会系统的共生性决定了交互关系可能产生正向效用,亦有可能产生负向效用。针对民族地区构造起来的经济系统,若对自然系统过度掠夺,或者经济系统因产生的过度外部性,超越正常的环境承载边界,都将削弱自然系统对经济系统的支撑作用❸。

因此,持续关注并有效解决民族地区发展中的环保问题,势必要通过经济系统内部对环保领域的持续投入,切实提升和扩展环境承载边界。

---

❶胡鞍钢,温军.民族地区的现代化追赶效应特征成因及其后果[J].广西民族学院学报(哲学社会科学版),2003(1):107-114.

❷胡鞍钢,周绍杰.绿色发展功能界定、机制分析与发展战略[J].中国人口资源与环境,2014(1):14-20.

❸胡鞍钢,周绍杰.绿色发展功能界定、机制分析与发展战略[J].中国人口资源与环境,2014(1):14-20.

2.　持续关注的表现及已采取的举措

(1)区域性关注及相关措施

民族地区对环保问题的持续关注主要表现在一批重点工程的具体实施上,如退耕还林、退耕还草、天然林的保护、北方沙尘源治理及江河上游和西部地区中心城市的污染治理[1]。在全国的生态安全战略布局中,国家"十二五"规划明确了构建全国性的生态安全屏障,即"两屏"(青藏高原生态屏障、黄土高原—川滇生态屏障)、"三带"(东北森林带、北方防沙带、南方丘陵山地带)。

在这一构建国家重点生态功能区的发展与保护战略中,少数民族聚集较多的西部地区成为重要支撑。具体而言,民族地区同时负有重点生态区环保的责任。《西部大开发"十二五"规划》中划分了西北草原荒漠化防治区、黄土高原水土保持区、青藏高原江河水源涵养区、西南石漠化防治区、重要森林生态功能区。

民族地区是自然资源富集的区域,国家层面通过生态区与生态屏障的有机结合,旨在增强这一地区防风固沙、水土保持、涵养水源、维持生物多样性的重要作用。[2]以新疆的治疆方略中生态环境部分的演进为例:三山夹两盆的地貌特点、温带大陆性气候,塔克拉玛干、古尔班通古特两座沙漠的巍然挺立,新疆生态脆弱的基本自然区情对其发展的长期制约,显而易见。

中华人民共和国成立至改革开放期间,历任中央领导皆强调围绕生态发展政策一定要认识和处理好人与自然的关系,特别是要处理好水资源开发利用和保护的关系。周恩来1965年围绕缺水的环境特征,对新疆应抓好地面水、兴修水利做了重要指导。但这一时期生态保护的结果仍

---

[1]胡敬斌.我国西部地区可持续发展的制度安排——以毕节试验区为例[D].长春:吉林大学,2013:93.

[2]张广裕.西部重点生态区环境保护与生态屏障建设实现路径[J].甘肃社会科学,2016:89-93.

不尽如人意,实际过程中耕地面积大幅增加;大规模修建的水利设施促进了农业生产,却忽略了水资源的客观限制。

近几年,两次中央新疆工作座谈会将生态环保这个安身立命的大问题纳入新疆社会主义建设"五位一体"总体布局,明确提出要保障水土资源合理配置,集约节约利用,实施最严格水资源管理,筑牢西北生态屏障。❶可见,中央对民族地区的生态关注与政策实施、持续完善一直是稳定且持续的。

民族地区是我国自然资源富集地区,大规模的资源开发使本来已脆弱的生态环境不堪重负,环境灾害频发。为应对地质、气候灾害,及时止损,中央和地方政府不得不将大量的财力、物力和劳力用来防灾减灾,削减了经济发展取得的实际效益。因此,进一步加强民族地区生态环境建设与保护,是经济可持续发展的依托,也是社会稳定的保障。

(2)产业性关注及相关措施

一是对民族地区非环保行业的关注。单纯依靠"有效市场"无法解决生产中产生的外部性问题,这时就需要"有为政府"通过产业型政策调整,鼓励、扶持绿色、低碳的高新技术企业和生态产业,同时谨慎地发展高能耗、高污染的重、化工产业。单纯的限制性与鼓励引导性的产业政策有机结合,形成"一体之两翼"。

以甘肃省为例,着眼于通过发展生态产业,改造传统行业,实现资源多元化,利用高效化;产品丰度高,业内口碑好。首先,发展循环经济,延长工业产业链,提高产品附加值,有效改变了过去单一的"原材料采掘—初(粗)加工—向外排放"传统模式,保障在充分获得资源价值的前提下,尽可能减少对环境的污染。做得较好的有甘肃省金昌市的金川公司,业已成为全国循环经济发展的示范典型。其次,大力发掘资源潜力,有效开发生态资源。甘肃省立足马铃薯等制种产业优势作物大力

---

❶ 胡鞍钢,马伟.中国共产党的治疆方略[J].新疆师范大学学报(哲学社会科学版),2016(1):1-13.

发展民族地区特色农业；同步发展生物制药、现代中药、生物育种等生物产业；发展生态旅游；充分利用风能、太阳能和生物质能，建立生态能源产业等。❶

二是对民族地区环保产业发展的重视。在1992年党中央、国务院批准的《中国环境与发展十大对策》中就明确指出要积极发展环保产业。在制定有利于保护环境的经济政策时，要充分利用现有财政税收、基础设施建设、外资信贷融汇等各个方面。某些特殊领域，如流域性的环境整治，还依赖于政府倾斜性政策和资金扶持。例如，在国务院西部开发办发布的《关于西部大开发若干政策措施的实施意见》❷中，特别在第十二条的"拓宽利用外资渠道"这部分中强调，针对"西部地区项目"要优先安排、对"环保、农业开发、基础教育、卫生、水利等领域的项目"这些"对西部社会经济发展具有长远意义的"要优先支持。❸

（三）我国民族地区经济发展中的环保问题

民族地区经济发展中的环保问题，凸显出以下两种不能忽略的矛盾：一是环境质量与经济发展间的矛盾；二是环保治理本身的矛盾。

1. 经济发展与环境治理冲突

在前者中，处在唯GDP的传统发展观遭遇变革的阵痛期，地方政府仍保有片面发展观念的情况下，突击性的专项检查，无法起到敦促企业建立完善长效环境治理机制的作用。不积极推介可复制、可推广的环保投入为特征的产业升级案例，仅仅依靠小打小闹、隔靴搔痒式的突击检查，抑或是采取运动式的风暴治理，如此被动的政府行为将难以促成企

---

❶夏可慧,李铭,武弘麟.甘肃省区域发展进程中的人地关系研究[J].经济地理,2015(8)：40-46.

❷国务院,《关于西部大开发若干政策措施的实施意见》,[2000-12-26].（2018-05-01）http://www.gov.cn/gongbao/content/2001/content_60854.htm.

❸成娟.民族地区环境保护政策研究[D].武汉：中南民族大学,2012.

业涌现自发性的环境治理行为,打破旧局面开创新天地更是无从下手。

在这一层面的主要矛盾是环保政策的实施者施行的经济发展战略与环保治理可能带来的经济外部性之间的矛盾。其中,施政者本身的环保责任是矛盾的主要方面。在西部大开发等涉及民族省份面较广的区域性政策的实施背景下,区域经济集聚的环境负效应、矿产开采、初级材料加工等具有高污染的工业在当地产业结构的比重较大。落后的传统资源开采模式、资源密集型、能耗效率较低的产业布局,都为民族地区大搞快上、实施跨越式发展起到重要的支撑作用。淘汰落后产能、解决环保导向的资源开发和环境治理的互相干扰❶,在发展中兼顾民族地区脆弱的生态特点和环保区位作用,是矛盾的进一步演进。

环境污染问题。以矿产资源的开发利用为例,环境问题的产生与环保措施的不利和匮乏有重要的相关性。在其开发过程中,缺乏必要的环保考量,必然引起民族地区草原地貌和覆盖植被的破坏,引起当地自然风貌的改变。以内蒙古为例,表现在露天煤矿的开采对草场的破坏。内蒙古白音华四号露天矿矿区占地面积 36.89km²,侵占并破坏的草场面积却高达 400km²。煤矿企业在处理生产过程中伴生的废弃物方面,侵占了大量的堆置用地。由于企业的环保观念不强或是消化、转运废弃物的能力、动力不足,都可能造成废弃物长期放置,得不到及时处理。由于过量、过久侵占土地,当地生态系统也遭到破坏,滑坡、泥石流等自然灾害发生的可能性大大增加❷。

土地问题。任意的采挖、选矿、运输及堆放,造成地表植被损害。随着表层土壤被损害,农民失去耕地,牧民失去牧地。由此引发的用地压力直接转嫁到其他土地,造成多种形式的土地流失。此外,矿山冶炼等

---

❶乔永波、鲍洪杰. 贵州民族地区企业环保投资困境透视[J]. 贵州民族研究,2014(5):132-135.

❷周小英. 中国边疆少数民族地区矿产资源开发中的环境保护问题研究[D]. 呼和浩特:内蒙古大学,2012.

矿业生产的副产品,诸如释放出来的废气、粉尘形成酸雨、尘雾。即使是无毒的生产过程,诸如矿物开采也可能导致水体富营养化,造成水污染。在开采过程无法避免的水位下降或水质下降也是破坏当地较为完整和谐的生态均衡的重要表现。

生态平衡问题。生态平衡在这一过程中受到严重破坏。露天采矿毁坏的不仅是表层植被,还将致使地貌发生改变。而地下采矿的后果更加严重,例如造成巨大的地下空洞。无论地表作业或是地下作业,如果在采掘的同时不能做好保护与恢复工作,没有进行有效的环保投资,必将带来地上部分水土流失、滑坡及泥石流,地下部分矿坑节水,引发陷落、塌方的人祸。据内蒙古国土厅报告,截至2010年,该区因采矿形成的采空区地面塌(沉)陷总面积高达226.21km²,形成的塌陷坑群多达323处,共发生矿山区域地质灾害541处,造成直接经济损失5.56余亿元,伤亡人数62人。❶我国鄂尔多斯市也曾发生过类似的案例。

利益分配与协调。发展前期,民族地区地方政府为争取招商引资带来的政策红利,通过税收减免、土地出让、政策扶持等多种手段吸引外来企业前来投资办厂。在企业的生产给周边环境带来负面影响的时候,其所应承担的外部环境成本却由民族地区居民所分担。

2. 既有问题的持续消化和解决

在无休止地开发利用资源的同时,水土流失、土地荒漠化加剧、环境污染等问题频现。发展进程中日积月累的环保问题,用包容性增长(Inclusive Growth)的观点解释,即环境污染带来的福利上的降低胜过经济增长引起的福利水平的提高。经济的增长必须要同时顾及资源承载能力与生态环境容量的匹配,这是一个可持续增长的观点。对民族地区的企业个体而言,参与机会平等的包容性增长范畴(机会、能力、增长或

---

❶内蒙古自治区人民政府公报.内蒙古自治区人民政府办公厅转发自治区国土资源厅关于矿山地质环护与治理情况报告的通知[R].[2010-07-21](2018-05-01)http://www.nmg.gov.cn/xxgkml/zzqzf/gkml/201509/t20150915_494705.html.

获得、安全），意味着为当地居民创造更多机会、创收，提升能力。而绿色增长要求自然资源的利用要有效率，污染和对环境的影响要足够小。对经营状况较差的企业而言，绿色增长未必是包容性的，除非政府可以制定政策，确保这部分困难企业不被排除在绿色增长产生的利益之外。实际上该项帮扶性的产业性倾向型政策的出台和运用，就是要通过机制方法和应用场景、条件的整体把控，切实将绿色增长战略消除既有污染问题的效率提高。❶

在环保治理中，除了政府通过转移支付、公共环境管理等宏观手段及措施来促进环保治理的效果，我们更为关注的，也是老生常谈的问题，即创新、引领、实施持续灵活的生态资源保护补偿机制、激励制度，创新必要的手段和工具。

缺乏相应的惠及微观经营管理企业个体的政策与机制。市场经济条件下，农业或工业生态环境保护政策的实施以及其发展可能，都基于实施者自我意愿，也就是说要让实施者感受到利益相关性的补偿措施，甚至是激励，即要保证农户和企业在主动保护生态环境的同时，此行为带来的预期收益要高于或者不低于初期预估投入的成本，这种主观性不能仅仅依靠政府的施压和政策导向。举例说明，一方面，由于无法盈利，效益低下，部分企业在环保上的持续投入能力受到限制，其环保投资行为也被迫终止。特别是工业"三废"的治理主要依靠企业经营主体。另一方面，现有的民族地区政府为主导的环保投资结构，在培育企业自生的环保能力上还存在很大缺失，导向性的培育政策也不足以支撑企业度过产业升级的难关。2008 年，贵州省黔南州发生的都柳江水污染事件就是一起典型事件。

---

❶郑长德.基于包容性绿色发展视角的民族地区新型城镇化研究[J].区域经济评论,2016（1）:140-149.

（四）选题研究意义

宏观上,国家层面一般性的生态环保矛盾是在非均衡趋利型发展观念的指引下,依靠资源配置、人口红利等方式,在产业发展上实施模仿式创新。这样的发展后果无疑是在鼓励性行业、产业领域,出现企业扎堆问题。近几年,随着生态环境破坏程度加大,因其特殊重要的生态安全战略地位,民族地区的生态脆弱性,其生态系统在特定的时空状态下受到干扰及恢复的状态都引起国家层面的密切关注。对民族地区产业上的功能定位发生了积极调整,更多地选择了生态涵养及保护的战略定位。顶层的关注通过层层传导,影响民族地区企业的生产经营。部分民族地区企业在过去的经营过程中,所产生的污染是没有成本的,属于纯套利阶段,那么到了后期,随着环境规制强度增强、法律对污染的惩罚和相关规定更加严苛了之后,企业经营者需要更多地考虑通过创新,获得生态环境良好与经营业绩提升的双赢局面。处理好治污和盈利的关系,涉及企业经济效益,事关企业精细化管理。探寻企业设备投资的内在驱动力,直接的投资需求、动力来源,即为了达标,提高生产过程中的环保品质,降低生产产生的污染排放水平,避免遭遇政府的惩罚。在不断推动企业向绿色、低碳、环保目标转型的过程中,我们要重点考虑企业主体需要为此付出一定的成本和代价。另外,早日实现自身的绿色转型对企业而言,也将产生显著效益。微观层面的生产型企业是中国工业经济实现绿色转型的重要参与者与推动者。转型带来的效益能够高于成本,产生实实在在的获得感,无疑是支撑企业转型的根本动力。在国家宏观治理模式和环境政策方面,也存在一种转型,即从过去对高排放、高污染行业实施"末端治理"转为以"清洁生产"为目标的"全过程管理"。

本书的研究突出一个问题,即环保投资作为微观企业逐步实现绿色转型的必要成本,是否会对其经营,特别是民族地区的企业,带来巨大的损害,对其经济效益的影响究竟有多大。现有的成本收益分析多集中于工业企业采用节能环保技术及相关设备的投资增量,引起其部分资源能耗的可观减少。我们着手开展的研究和分析将更倾向于研究经济效益与该直接成本投入之间的关联程度。

在环境规制愈发严格的政策环境下,企业的生产环境势必随其变化,投资组合也随之调整。根据政策环境的变化,环保投资必然会增加企业的成本,环保投资能够影响企业,从而引起其效益的变化,该变化量到底有多少?这个值得探讨。政策影响生产环境变化,从而影响投资组合的变化,从而引起效益的变化。

本书旨在通过企业微观层面的调查数据(年度税收调查表)来研究企业环保投资和企业经济效益之间的关系。之前的相关研究多集中于宏观的样板数据或少数上市企业的社会责任公开数据。国家税务总局每年度组织的税收调查覆盖全体纳税人,数据项丰富,涉及纳税人行业分布广,区域划分明显,数据质量较好。在反映环保投资方面,环保设备投资、环保费用投入等重要指标(衡量环境政策强度的重要变量)都在调查范围内,企业财务指标是常规采集指标,因为与纳税申报存在后期校验,指标可信度都较高。

基于2012—2015年的微观数据,特别是数据反映了环境政策趋紧前后企业层面相关的投入产出状况;从企业环保投资对企业效益的影响因素、程度和影响激励入手,来研究治污和盈利这对矛盾在新的大形势下,冲突的原理、机制、结果,对相关投资引导提供实证的、理论上的帮助,助力企业转型,特别是民族地区的企业,实现生产新动能的发掘,从而实现绿色创新,达到治污、盈利双赢局面。

二、研究综述

(一)环保政策变化研究综述

研究环保投资与规制政策、企业经济环境效益关系的文献通常会涉及对环境政策演进过程的梳理和评论。因为探讨行业性、产业性,或是宏观、微观的分析,都需严谨的梳理政策的调整,剖析分析调整时间对应的社会经济环境特点,将政策工具与其制定、运用的背景结合起来。

以环保政策的积极制定、完善为标志的对绿色发展的认识,是由浅入深、从自然自发到自觉自为的过程。在政策梳理的集大成和权威性方面,王海芹、高世楫将处理经济发展和环保问题的理念变化分为污染末端治理、可持续发展、科学发展观、生态文明建设和实施绿色发展这几大历史阶段,然后将政策目标选定、立法体系建设、政策工具应用与历史阶段适配对应。最后将政府、社会组织、公众在环保中所处角色、所负责任进一步明确,同步也分析出政策调整的范围是沿着生产—消费—流通这一脉络不断发展。❶

(二)环保政策、环保设备投资与企业效益的研究综述

关于企业的资本投入、投资组合对企业效益影响程度的研究,经济学上主要从投入—产出、经济外部性两条研究路径入手。相关的观点、理论、体系较为完备,实证的研究也广泛开展,属于经济学经典问题之一。

1. 投资组合和企业经济增长

环境污染是随着人类的生产和生活而产生的,反映了人类的生产决策,以及不同发展阶段人的政治和经济发展特征。作为企业投资组合的构成部分及重要因素,环保与资本、人力资源等资本投入,共同影响企业的产出。借助环境经济投入产出等生产领域的"投入—产出"模型,从而进一步梳理、研究保持可持续发展的环境质量基础的环保投资规模和结构。经济学广泛开展了关于环保投资和经济增长之间的实证研究,大致分为两个层面的研究方向。

1991年,Grossman和Krueger提出了著名的库兹涅茨曲线,即环境的

❶王海芹,高世楫. 我国绿色发展萌芽、起步与政策演进:若干阶段性特征观察[J]. 改革,2016(3):6-26.

污染与经济水平的提高存在倒"U"字形的变化曲线。在收入水平爬升的前半段,人均的GDP提高,污染加剧。而达到高收入峰值后,人均GDP继续增长,污染却会减缓。[1]国内外众多研究者,认同该曲线的准确概括,立足于此开展了经济增长和污染环境之间的大量研究。其中,涵盖环保投资发挥延缓污染作用的讨论。

(1)环保投资影响经济增长的路径

通过确定环保投资的资金来源,沈国桢、沈杭概括了该类投资的特点,其研究证明较大金额环保投资可以促成经济与社会两方面利益共同的增长。[2]徐嵩龄通过环保投资同时带动环保产业和其他行业的发展,来探讨环保投资影响经济增长具体路径。其研究同时指出,若要保证持续性环保投入,需要较好的经济效益支撑。[3]可以看到,沈、徐等人都认为环保投资的确可通过一定方式改善组织经济效益。

而厉以宁和章铮有关环保投资的研究重心已转移至投资的来源上。原有的存量资源经再调整,再补充进入增长投资,从而使可以用来配置的经济资源丰富了,因此对经济产生了影响。[4]

蔡宁和吕燕则详细分析了宏观经济所受环保投资产生的正、负两方面影响。技术进步及环保产业发展是正效应部分。正效应的发挥需在环保投资在国民经济中占比足够高之后才会上升为主要的影响因素,从而改善环境的质量,促进经济增长,提高社会的福利水平。同时,环保投资也起到了负面作用,可能引起生产成本方面的提高,降低市场竞争能力。企业环保投入的积极性也会随替代品出现而削弱,企业资本系数也

---

[1] Grossman G M, Krueger A B. Environmental Impacts of a North American Free Trade Agreement [R]. National Bureau of Economic Research Working Paper 3941, NBER, Cambridge MA, 1991:3-4.

[2] 沈国桢,沈杭. 保护环境的投资及其效益[J]. 浙江大学学报,1999(7):41-42.

[3] 徐嵩龄. 世界环保产业发展透视——兼谈对中国的政策思考[J]. 管理世界,1997(4):178-187.

[4] 厉以宁,章铮. 环境经济学[M]. 北京:中国计划出版社,1995:14.

会升高。❶

　　马树才、李国柱研究中国经济增长与污染的"环境库兹涅茨曲线"。多个衡量污染程度的指标(工业废水、废气)与人均GDP之间没有协整关系,结论为环境污染不会随经济增长而自动改善;依赖国家干预无法根本解决污染问题。只能界定产权,以及实施相应政策、激励措施来减少排污企业的单位产出污染强度;或是运用严格立法支付,促成重污染型产业向轻微或无污染型产业转移。❷

　　崔松虎和金福子以2001至2006年连续进入中国电子信息产业的百强企业为样本,分析了R&D投资对企业经济效益的影响,得出它与企业效益存在正相关关系,且具有显著影响;研究中的广义研发投资一定意义上,涵盖环保投资部分。❸

　　Ambec和Lanoie研究表明,企业积极采取环保实践,可以直接降低物料和能源消耗,减少人力资本投入,释放占用资金,继续用于绿色环保目的,提高雇员遵从和忠诚程度。通过该种方式,环保投资提高企业生产率或效率,获得更出众的效益表现。❹

　　郭国庆和牛海鹏❺认为,环保投资并非只是保护、改善环境质量付出的成本,它类似于普通投资,从短期和长期两方面促进经济增长。虽然环保投资对经济增长的拉动作用比经济增长对环保投资的带动作用要小,但对环保投资的投资性质应给予足够重视。

❶蔡宁,吕燕.工业环保投资的经济分析[J].中国软科学,1997(2):116-120.

❷马树才,李国柱.中国经济增长与环境污染关系的Kuznets曲线[J].统计研究,2006(8):37-40.

❸崔松虎,金福子.R&D投资对企业效益的实证分析——以我国电子信息百强企业为例[J].北京工业大学学报(社会科学版),2008(6):36-38.

❹Stefan Ambec and Paul Lanoie, "Does it pay to be green? A systematic overview" Academy of Management Perspectives. 2008. 22(4), pp.45-62.

❺郭国庆,牛海鹏.环保投资的经济增长效应研究[J].黑龙江社会科学,2016(1):64-67.

纵观以上研究历程,该类研究中有关环保投资究竟能否促进经济增长的结论并不一致。越来越多的学者采用多种形式的动态计量模型,将影响经济增长的因素自变量包括在模型中,研究环保投资对经济增长的动态影响,进一步强调生产率的提高和维持才是鼓励环保投资的关键。

(2)环保投资与经济增长速度之间的关系

环保投入的优先增长模型被部分研究者首先建立。孙冬煜[1]分析比较国际上发达国家环保投资增长速度与GDP,发现国家整体经济技术与环保技术同时进步的阶段,与GDP增速相比较,环保投资的规模增长要更为明显。根据这种双方互动的情况,孙冬煜还构建了污染平衡方程式,用以描述环保投资优先增长的规律。

吴翔[2]综合运用三阶段DEA模型和Malmquist指数方法,对影响绿色经济效率的因素进行实证分析,涉及对外经济开放程度、经济社会结构、政策制度、人口结构和环境投资。研究结论之一支持环境投资对效率存在正向提升作用。

Antonietti和Marzucchi[3]从研究意大利生产企业的环保投资和出口效益关系入手,采用了二阶段模型,估计绿色有形投资策略(GTIS)对生产效率水平的影响。研究评价了引致生产率对出口倾向和强度的影响。结果表明,具有更高生产率的企业,能获得更佳出口绩效,是结合了环保与增收目标的绿色投资组合所引致的。经GTIS增强后的全要素生产率会影响企业效益,提高产品出口到环境规制力更强的外国市场概率。

原毅军从企业环保投资对工业升级的研究入手,发现从工业技术效率的企业环保投资效应看,企业自筹环保投资对工业技术效率具有积极稳定的作用,而排污费环保投资总体上阻碍了工业技术潜力的发挥。从

---

[1]孙冬煜. 环保投资增长规律及其模型研究[J]. 四川环境,2002(3):29-31.

[2]吴翔. 中国绿色经济效率与绿色全要素生产率分析[D]. 武汉:华中科技大学,2014:55.

[3]Roberto Antonietti, Alberto Marzucchi. Green tangible investment strategies and export performance: A firm-level investigation[J]. Ecological Economics,2014(108):150-161.

工业技术进步的企业环保投资效应上看,不同来源的环保投资对工业技术进步的影响程度和方向都存在较大差异。从总体和组群效果看,地方财政环保支出对工业技术效率、技术进步促进作用的稳定性较强。

吴兰兰、方华从环保投资的资金来源入手,通过环保财政支出和私人资本参与环保项目投融资的现行政策和数据进行实证分析,探寻环保投资和经济增长效率的关系。其研究发现,民间资本比财政资金对总体经济的促进作用更明显。分析发现,民间资本更注重经济利益,而财政资金更看中环保效益;环保财政的扶持力度未能达到西方经验统计中的合理水平,仍有待提高。❶

(3)基于经济增长模型的已有研究

环保投资优先增长模型也不是放之四海而皆准的,在研究环保投资影响经济增速方面比较适合。随着越来越多研究者统筹考虑在该经济增长模型中引进环境因素,新的模型出现了,其研究重点在于环保投资和经济增长本身的关系。

Lopez、Bovenberg、Stokey在传统经济增长模型中,综合考虑排放的污染物如何反馈长周期经济增长,自然资源的消耗又该如何纳入该模型框架。增多的环保支出对资本累计产生的减缓效应被学者考量,这跟政策严格与环境意识提升有关。❷❸❹

李国柱则将环保等因素引进索洛的增长模型,增加了环境这一外部约束条件。其研究结论表示,由于工业污染排放是逐渐恶化的,在减缓

❶吴兰兰,方华.环保财政与经济发展[J].改革与开放,2016(1):8-9.

❷Lopez R. The Environment as a Factor of Production: The Effects of Economic Growth and Trade Liberalization[J]. Journal of Environmental Economics and Management,1994(27),163-184.

❸Bovenberg A L, Smulders S A. Environmental Quality and Pollution –Augmenting Technological change in a Two-sector Endogenous Growth Model[J]. Journal of Public Economics,1995(57),369-391.

❹Stokey N L. Are There Limits to Growth[J]. International Economic Review,1998(39),1-31.

排污的技术并未进步的情况下,环境因素制约下的索洛模型实现增长路径的平衡将不可持续。[1]

胡远波将环境因素引进了随机增长经济模型,其研究结论大致是:在个体厂商对污染表现尚不敏感、公共支出与工业产出波动较小的前提下,企业能够达到最佳环保投资比重,但企业增加环保投入将减缓经济增长,公共领域的环保投资对经济增长会有不明显的影响。[2]

刘云霞、李红杰考虑到环境污染对个体福利会产生负面影响,于是将环境污染水平纳入效用函数中,通过一个简化的随机经济增长模型计算出个体最优环保投资比率,得出企业环保投入过多将阻碍经济增长的结论[3]。

王晶构建了企业循环经济的综合评价模型。其研究表明,在循环经济下,环境资源因素由外生变量转为内生,企业生产和成本两函数随之扩充内容。以成本角度分析,回收利用资源,节省了资源消耗,同时提高了污染物重新资源化的成本。考虑外部资源约束的生产者均衡使企业在选择最优行为时有了差别,产品消耗资源量、废物利用成本、生产造成的污染都将影响企业利润变化趋势。[4]

张晖、朱军在前人基础上,着重考虑环保技术的进步对投入资本的替代作用,动态地研究环保投资的挤出效应,重视环保投资生产性的特点。从生产和挤出的二重性来研究环保品质和经济的增长。内生经济增长模型用来研究生产性,考虑外资技术水准、治污设备技术水准等。研究结果表示,在动态均衡前提下,采用更先进的环保技术将促进环保设备投资额的增加,并有效减少排污,提升均衡增长率。机理在于技术

[1]李国柱.外商直接投资与环境污染的因果关系检验.国际贸易问题,2007(6):105-109.

[2]胡远波,杨丽乔,李连庆,等.考虑环境污染的随机经济增长模型[J].应用数学,2005(18):131-135.

[3]刘云霞,李红杰.环境与随机经济增长[J].天中学刊,2007,22(2):38-40.

[4]王晶.基于循环经济的企业运行机制、机制与评价研究[J].武汉:华中科技大学,2007.

的进步引起环保投资相对地减少,资本产品投资相对充分,这部分扩充的资本投入生产,引致生产率提高。在更长周期内,可以达到环境效益与经济效益同步提升。❶

　　莎娜基于企业战略的视角,通过研究环境战略决策的相关利益主体、内外因素与驱动方式、决策内容、绩效评价方式等内容,讨论推动企业实施环境战略的路径。其全面归纳了企业环境战略决策的利益相关者,探讨了企业环境战略决策的内外因素,构建了拉力与压力共同作用下的驱动模型,利用委托代理模型、Stackelberg模型和演化博弈模型分析了企业环境战略决策的内外机制,构建了政府、企业、公众三方协作的企业环境战略实施保障体系❷。

　　刘高明利用我国2003—2013年31个省(区市)的面板数据,主要以广义矩方法(GMM)为主,其他估计方法为辅,从工业污染治理投资总额、不同类型工业污染治理投资、工业污染治理投资滞后效应和地区差异性的四个视角,就工业污染治理投资对劳动生产率的影响展开实证分析。作者不同于以往将工业污染作为经济发展的副产物,将工业污染治理投资作为一种劳动生产率投入产出方程中的投入要素,研究视角较为独特❸。

　　2. 成本不对称及经济外部性内部化问题

　　发展经济学、环境经济学中,对于因自然资源过度利用及消耗的环境退化引起的外部性研究,已广泛开展。总体而言,经济学要研究的是,生产者个人没有承担却由大众承担的成本,或者由生产贡献于社会但不能获得回报的益处,因此造成了市场失灵。

　　传统的观念认为环境保护是企业创造效益的重大障碍。近些年,这

❶张晖,朱军.经济可持续增长、生产技术局限性与环境品质需求——环保投资两重性角度的一个分析[J].财贸研究,2009(2):16-23.

❷莎娜.企业环境战略决策及其绩效评价研究[D].青岛:中国海洋大学,2012.

❸刘高明.工业污染治理投资对劳动生产率的影响研究——基于2003—2013年省级面板数据[D].杭州:浙江工商大学,2015.

一观念受到国内外经济学家新的理论挑战。主要的理论贡献来自与"波特假说"有关的文献,"波特假说"主要讨论的是公共利益与个人成本之间的交易,该理论支持环境保护投入只是产业成本的极小组成部分。

德怀特·波金斯等指出关于环保领域的生产外部性问题的研究多集中于生产企业外部性内部化。如何确立最佳的污染水平,需要权衡个人边际收益与社会边际收益。当个人经济活动达到最优点,并不意味社会经济活动同步达到最优。传统经济学对于这个问题的讨论主要基于市场机制及采取国家干预的方式,最终实现最优的污染水平。[1]

许士春、何正霞、龙如银关于谎报减排、技术激励、政策工具、政策成本方面的研究,扩充了治污成本与政策成本的相关研究成果。大致结果表明技术和政策严厉水平决定企业减排;环境政策和监管严厉程度决定是否有污染的谎报;对环境技术的鼓励,效应最佳为遵守标准,接着是不完全遵守,再次是税收和补贴,最差效果为可交易的排污许可。企业的技术水平不飞跃,税收、可交易排污许可、补贴和排放标准可达到一致的效果。对政府而言,可交易污染许可享有较低的实施成本。若存在技术飞跃可能,可交易许可效果最差,其余的政策可以达到一致的效果。[2]

运用市场来解决经济外部性的问题,科斯一类的经济学家注重通过明晰产权,在交易成本为零的条件下依靠市场交易完成资源配置,从而弥合该类外部性。然后,交易成本为零否,在部分经济学家看来并不影响市场机制解决环境问题。只有市场各方界定清楚产权,才能解决外部性问题。产权的明晰促成交易双方明确赔偿对方财产损失的义务,从而促成产权明确条件下的资源高效配置。相反,缺失了对各方产权的合理界定,生态环境等外部性问题就无法得到有效解决。

主张国家干预的经济学家从三种不同的角度对科斯提出了批评。

---

[1] 德怀特·H. 波金斯. 发展经济学[M]. 北京:中国人民大学出版社,2006.

[2] 许士春,何正霞,龙如银. 环境政策工具比较:基于企业减排的视角[J]. 系统工程理论与实践,2012(11):2351-2362.

第一，微观领域内，缺乏必要的政府干预的企业将不承担外部成本，遂对自然资源利用过度。基于企业边际成本的分析，上述情形将促进有效市场产出。改变这种情况，需政府将产业赋予个人，同时在公共资源的利用上设立必要限制，从赋税、可交易排污许可等方面，反映污染生产应承担的必要成本，消除市场失灵。

胡应得以浙江省223家企业的实地调研数据为基础，深入考察了企业基于排污权交易政策规制的政策遵从行为、环保投资策略选择、新环保技术采纳行为等行为决策及其影响因素。研究表明：企业接受新环保技术的程度与排污权政策的实施强度也存在一种的"U形"态势，但排污权交易政策的实施强度并不能显著地提升企业采纳新环保技术的意愿；排污权交易价格上涨预期能显著地提高企业采纳新环保技术的意愿；企业排污权政策的遵从意愿与企业采纳新环保技术的意愿并不显著相关；政府的技术服务政策、企业的环保现状、企业的风险承受能力、公众舆论压力等因素对企业采纳新环保技术的意愿具有显著的正向激励作用；而社区群众的环保压力却对企业的新环保技术采纳行为产生显著负面的影响。❶

第二，政策制定上，在政府可利用公共资源所有者身份进行干预，可对资源使用直接管理。除此之外，政府也可对所使用的工具进行限制——污染者被要求安装能够净化废气或处理废水的设备。

污染的外部成本就是给人造成的一系列福利损失：损害健康、污染环境、财产价值降低、娱乐的可能性下降而且费用上升。

环保投资具有典型的外部经济效益，经济学上关于环保投资的社会成本与企业成本不对称的研究也已成熟。环保投资产出环境质量，该过程具有典型的外部经济性。无论是个人还是企业都从对环境质量的消费中得到好处，而且都不用支付相应的费用。从个人来讲，一方面，良好的大气质量、纯净的饮用水源可以使人的身体更加健康，从而使人生活

---

❶胡应得. 排污权交易政策下企业的环保行为研究——基于浙江省企业的实地调研[D]. 杭州：浙江大学，2012.

更有活力、工作效率更高,同时还可以减少医疗费开销。另一方面,个人还可以从优美的自然景观中得到身心的享受。

对企业来说,生产厂商会发现保持清洁的环境可以降低他们的经营成本。例如,生产厂商有清洁的水的话,则其就不用为处理自己的生产工业用水支付一定费用;使空气质量保持清洁而且干净可以显著降低厂商维护自己厂房设备的费用。环境质量的公共物品属性决定了环保投资的直接经济效益非常小,环境质量的提供者不可能像生产其他私有物品的厂商那样将不付费的消费者排斥在外。由于这个原因,环保投资成为一种主要由政府提供的福利活动。

第三,税收政策上,从理论上来说可以通过征税的办法抑制生产者生产污染性产品的积极性。

如果对产量或者工作量进行征税的话,征税确实能够减少具有外部成本的产品的产量。如果对外部性本身进行征税的话,还能够刺激人们增加对能够减少外部成本项目的投资。但是,对排放的污染物征税不一定总是行得通,监督很难施行(成本又过高),税率的设置又普遍过低,而且逃税也比较容易。一种变通的方法,是对污染性产品征税,如果厂家采用了降低污染的设备,则税收可以减少直至取消。

使外部成本内部化的税收之所以优于管制,原因有两点。第一,税收能使厂商去选择减少使用公共资源的生产方式,这样一来租金就不会被由管理者强制实施而产生的浪费性消耗而抵消。这样灵活的方法确实能减低管理成本。第二,税收可以使政府获得大量的收入。

3. 环保投资与企业效益方面的现有实证研究

(1)在更大范围考虑环保投资和企业效益的关系,就是讨论绿色投资和经济增长,其机制研究、模型构造、变量选取,都值得借鉴

孟耀提出了绿色投资主要是环境保护、资源节约和发展循环经济等投资的观点,使绿色投资有更加具体明确的内容;提出了绿色投资的基

本原则和基本标准;系统地分析了绿色投资和提出了绿色投资运行机制的分析框架;分析了绿色投资和循环经济的关系,提出了利用绿色投资推动循环经济和通过促进循环经济发展绿色投资的观点。❶

　　李玲使用生产前沿最先进的分析工具——SBM方向性距离函数和Luenberger生产率指标,在全要素生产率核算体系之中加入了能源消耗及环境污染,并对1998—2008年的中国工业分行业绿色全要素生产率进行全面的研究分析及全方位的测度,获得的变化趋势及规律都是以把握在加入资源环境因素后工业全要素生产率增长为基础的;获得有关我国工业不同行业之间的绿色全要素生产率差异随时间变化的趋势,并利用面板聚类及收敛检验展开分析;根据可持续发展理论和经济增长理论,从结构调整和环境规制两个不同的方面利用面板数据对影响工业分行业绿色全要素生产率的因素进行实证分析,并探寻能够提高工业绿色全要素生存率的有效途径;根据其研究结论提出有利于中国工业进行绿色转型的政策建议。

　　彭青平以绿色投资对经济增长效率的影响为研究对象,深入研究绿色投资对经济增长的影响。以中国29个省级行政区2003—2009年的相关数据为基础,采用随机前沿分析法(SFA)一阶段法,在影响因素模型之中加入绿色投资作为影响因素,构建了随机前沿主函数模型及影响因素模型,从而估计出绿色投资在全国以及东中西部地区对技术非效率影响程度,并进一步分析比较了区域间绿色投资与技术效率之间的关系。从其检验结果可以看出,在全国范围来看,绿色投资能够促进经济增长效率,但影响程度较小;东中西部之间存在着区域差异,中西部地区绿色投资能够促进经济增长效率,其中中部地区绿色投资对经济增长效率的贡献率与西部地区相比较小,东部地区绿色投资反而对经济增长效率起到了阻碍的作用。❷

❶孟耀.绿色投资问题研究[D].大连:东北财经大学,2006.

❷彭青平.绿色投资对经济效率影响实证分析[D].杭州:浙江理工大学,2013.

在环保投入的因素分析方面,部分文献走在前面,值得参考。叶丽娟基于区域环保投资对经济增长影响相关理论的综合分析,建立了环保投资对经济增长影响的模型,利用2003—2008年全国31个省(区市)的面板数据进行回归分析和估算结果的因素分析,通过实证分析和规范分析得出环保投资对经济增长的产出弹性和贡献率都存在显著的区域差异。主要影响因素在于经济发展水平、环境压力、环保投资使用结构等多因素。研究建议调整全国环保投资使用结构、加大环保投资的市场化程度、大力促进环保技术进步和正确规划环保投资使用方向,以期环保投资对区域经济增长的积极影响最大化和均衡化。❶

(2)现有的文献多集中于论述环保政策(环保规制)与企业效益之间的关系

聚焦于环境规制,Porter 和 van der Linde 论证了适当设计的环境标准可以激发企业的创新,这将部分甚至全部抵销企业因为遵从相关标准产生的成本。波特假说的进一步完善,认为环境规制、创新和竞争性之间可能存在一定联系❷。但是波特假说也产生了诸多理论上的争论,Ambec 和 Barla 就指出为什么规制对以盈利为目的的企业投资策略而言是必需的❸❹。

程华、廖中举选取并集中讨论的是 1978—2007 年,即本书研究的政策趋强期之前的中国环境政策演进过程。作者量化了这一时期各级政府出台的、与企业环境创新相关性较强的 400 余项政策。1982—1995 年,

---

❶叶丽娟. 环保投资对区域经济增长影响的差异研究[D]. 广州:暨南大学,2011.

❷Porter M E, Van der Linde C. Toward a new conception of the environment competitiveness relationship[J]. J. Econ. Perspect,1995,9(4),97–118.

❸Ambec S, Barla P. A theoretical foundation of the Porter hypothesis[J]. Econ Lett,2002,75(3),355–360.

❹Ambec S, Barla P. Can environmental regulations be good for business? An assessment of the Porter hypothesis[J]. Energy Stud. Rev.,2006,14(2):1.

环境政策出台的速度较慢,其政策强度、导向度也不够明显。1996—2007年,政策出台的速度已显著提升,导向度也呈现激增态势。这大抵与中国改革开放以来,法律政策体系自身不断契合环境创新发展的完善过程相吻合。最后,政策强度对经济产出绩效和知识产出绩效具有显著的促进作用,对环境绩效中的能源消耗率与工业废水排放率具有明显的抑制作用。不同的行政措施和政策导向度对企业的经济产出绩效和环境产出绩效有不同程度的促进作用,但值得注意的是其对知识产出绩效没有促进作用。❶

于文超利用世界银行2005年的企业调查数据,考察了地区环境规制与政治关联对企业生产效率的影响。总体而言,当期环境规制水平的提升能够显著降低企业生产效率,同时,上一期的环境规制水平提升将显著增加企业生产效率。研究指出,企业较强政治关联弱化了环境规制政策在企业层面的实施力度,也弱化了严格环境规制对企业技术革新应有的激励作用。尽管政治关联带来了优惠的政策资源,但是政治关联会导致企业将过多资源配置在非生产领域,从而损害了企业生产效率,影响企业效益。❷

胡元林、李茜对重污染企业采取问卷调查的方式,运用结构方程模型研讨环境规制和环保投资对企业绩效的影响。研究表明环境规制对企业绩效的影响是通过环保投资实现的,环保投资对企业绩效的影响作用要大于环境规制对企业绩效的影响作用。❸

胡元林、康炫为明晰确定企业进行主动型环境战略的主要阻力及主

---

❶程华,廖中举.中国环境政策演变及其对企业环境创新绩效影响的实证研究[J].技术经济,2010(11):8-13.

❷于文超.官员政绩诉求、环境规制与企业生产效率——理论分析和中国经验证据[D].成都:西南财经大学,2013.

❸胡元林,李茜.环境规制对企业绩效的影响——以企业环保投资为传导变量[J].科技与经济,2016(2):72-76.

要驱动因素,对重污染企业在环境规制下实施的主动型环境战略的阻力与动因进行了问卷调查及研究,并得到答案,分析了其中的内在机理,为相关研究提供了第一手资料。在承受的阻力方面,由于企业是以盈利为目的的投资主体,而面对环境问题,企业环境投入所产生的收益往往具有严重的滞后性和不确定性。因此,企业在环保投资的经营策略中更倾向于表现出机会主义心理来指导行为。❶

企业若要进行环保战略的决策,需法律法规束缚与要旨,还需环保意志、硬件条件,如技术、资源与专业能力。同时企业也应该追求政策收益,等等;若持续实施环保战略,则须国家环保优惠政策源源不断补给企业的产品和技术创新,助力其获绿色竞争优势,帮助行业推行绿色管理模式;现行条件下企业实施主动型环境战略有内部因素:环保意识差且难提升、设备维护成本高、专业知识匮乏、工艺改造的直接机会成本高;另有外部因素,即政府环境保护激励力度不足。

(3)基于上市公司披露企业社会责任报告,部分学者对环保投资与经济效益的关系展开研究

潘飞、王亮以沪深上市公司中2013年度企业社会责任报告中披露环保投资的上市公司为研究样本,实证分析了企业环保投资力度与其经济绩效之间的关系。研究发现,在短期(一年内),企业环保投资与经济绩效之间无显著相关关系;在长期(二年内),企业环保投资与经济绩效之间存在显著的正相关关系;表明企业环保投资对其经济绩效有一定的促进作用,但两者之间的关系存在一定的时间滞后性。❷

彭妍、岳金桂对造纸与印刷业的上市公司进行了回归分析法的研究,主要针对环保投资与财务绩效的相关性,将环保投资按不同的结构进行分类统计,结果发现环保固定资产投资在短期内带来的财务收益显

❶胡元林,康炫.环境规制下企业实施主动型环境战略的动因与阻力研究——基于重污染企业的问卷调查[J].资源开发与市场,2016(32):151-156.

❷潘飞,王亮.企业环保投资与经济绩效关系研究[J].新会计(月刊),2015(4):6-11.

著高于技术投资,污染预防投资带来的财物效益显著高于末端治理投资,证明环保投资与财务绩效的正向线性关系。❶

综上所述,尽管以往研究者使用各种方法,从不同角度对环保投入对企业效益的影响进行了描述和分析,但也存在着以下几点不足之处:一是从研究范围来看,在以往所做的关于中国企业环保或绿色投入方面的研究,多数为效益增长的因素分析、要素份额分析。而针对环境规制严格的环境政策背景,环保投入的增加对企业自身效益的影响究竟有多大,在该方面缺乏进一步的实证研究。二是从数据来源方面来看,多来自官方省级层面的截面数据,或者是上市公司的财报数据,涉及微观层面企业的样本数量较少,数据也稍显陈旧。对于近两年来,中国环保投资企业的效益究竟发生了怎样的变化,还缺乏大量的样本和企业经营管理的"微细胞"数据来支撑结果可信赖、反映问题及时、论证完备系统的实证研究。

三、研究目标、内容和思路

(一)预期目标

第一,环保投资与企业经济效益影响机制的初步研究确定。

第二,通过影响机制的确定判断环保政策趋紧后,企业的效益变化。

第三,通过对省份产业特点的总结、省区内部企业的分布特点、发展阶段,计算分行业、分省区的企业环保投资的产出弹性,以及环保投资对销售收入的贡献率。以此为基础,再研究四年度的贡献率变化趋势,从而探讨环保投资的民族地区区域和行业特点,提出相关理论建议。

---

❶彭妍,岳金桂.基于投资结构视角的企业环保投资与财务绩效[J].环境保护科学,2016(2):64-69.

（二）研究内容

本书以"投入—产出"经济增长理论、外部成本内部化理论以及环境管理、组织能力等理论为指导，综合运用区域经济学、财政学、生态经济学、制度经济学、计量经济学、环境管理学、民族经济学、经济地理以及生态学等多学科的相关理论知识，分析企业环保投资与其经济效益在环境、经济绩效协调发展方面的关系，运用实地调查、文献查阅、回归分析等方法，结合民族地区的特殊性，根据环保投资政策的特点，设计并完善企业环保投资对其销售收入影响的模型，分解相关政策变量。以经济增长理论为基本框架，分析少数民族省区各区域间，同一区域不同行业间，企业环保投资对经济效益的影响方向及具体影响程度。同时探讨分析环保投资对企业经济增长的贡献率的区域差异、行业差异及时间差异，最后探讨影响因素，为统筹在民族地区如何因地制宜制定行业性、区域性环保投资政策，最终实现协调发展提供一定参考依据。

本书分为七章。

绪论：主要介绍在环保规制趋强的背景下，民族地区实施环保投资，做好地区生态环保的重要意义。然后对国内外相关研究动态进行综述，涉及对环保政策变化的研究以及环保政策、环境规制、环保投资与企业效益的有关研究。进而提出研究的理论依托、研究内容、方法及结论，阐述研究创新与不足。

第一章：主要围绕企业层面面临的政策背景，着重分析了目前民族地区企业"治污抑制盈利"的困境，阐述了目前企业环保投资的主要内容、应对环保要求的举措，最后主要通过比较企业差异性及其环保投资的特殊性来论述，涉及重污染、轻污染、一般性污染行业的投资特点，从而把握民族地区企业环保投资特点。

第二章：对环保投资与企业效益的相关关系研究的方法理论进行综

述,涉及环保投入与经济增长,环保投入与经济外部性内部化,环境规制与技术进步,主要选取环保投资作为研究环境规制与企业效益之间研究逻辑的必要中介。接着,基于已有的经济学研究,从社会性规制理论、波特假说等方面对环境规制与企业效益的关系研究展开讨论和总结。通过对环境规制划型,进一步确定结合环保目的的投资策略作为环保投入与企业效益关系的研究中介,最后引入创新补偿、先动优势、决策动因、实施动因等概念,夯实关于环保目的的投资策略的理论基础,寻找后续章节进行实证分析的概念载体及概念运动形式。

第三章:界定了本书实证所需的环保导向投资策略及环保投资的二效应。从行业、区域、规模三特征归纳了环保投资影响企业效益的内在机制。通过引入组织能力理论,介绍企业环境绩效向经济绩效的传导机制。从成本角度介绍环保投资如何直接影响企业经济利益。结合组织能力、异质性投资策略等理论,构建了联系环保导向投资策略、生产率和销售收入的结构模型,为接下来的实证分析做理论铺垫。

第四章:介绍民族地区区情,从投资情况、财税和资源等方面介绍省区的行业、产业布局、产业政策特点。介绍实证分析所需政策变量的选取以及数据来源。主要是建立起民族地区企业环保投资对其经济效益增长的贡献率模型。

第五章:就2012—2015年8省区的分行业、分省份的面板数据,实证分析了企业环保投资对其经济增长的贡献率的行业、区域差异。接着,探讨了环保投资对经济效益增长影响的行业、区域差异,涉及环保投资的产出弹性、贡献率等。

第六章:就以上第五章模型实证分析得出的结论以及第二、三章的定性分析,提出一些相应的政策建议,使得民族地区企业的环保投资贡献率均衡提高,缩减行业间、区域间差异,实现民族地区环境和经济的协调、可持续的绿色发展。

（三）研究思路

由于环境规制对企业绩效影响的复杂性和不确定性，本书基于1569个全国企业样本及134个民族地区样本，从行业视角、区域视角、行业污染程度视角、规制工具视角，选取环保导向投资策略、创新补偿、淘汰落后产能等研究视角实证分析了环保投资对企业经济绩效的影响，为制定差异化的环境规制和政策提供理论依据。

本书首先沿着寻找、分析、解决问题的脉络展开研究，对环保投资、环境规制及相关概念进行界定，着重介绍本书提及的诸多概念及其关系，围绕环保投资对企业销售收入影响的理论基础进行论述，以此作为实证分析的学理基础，概括、梳理了该研究领域内国内外研究动向，并提出了本书创新点与切入点，在规定概念与概念运动的前提下，分析了企业环保投资对其经济效益的影响机理，并将此作为假设，在第五章展开了两个设置分析，验证影响机理的合理性与存在性，最终得出民族地区企业环保投资对经济绩效的影响，并根据实证分析的结论提出环境投资政策设计的几点建议与意见。主要研究框架如图1所示。

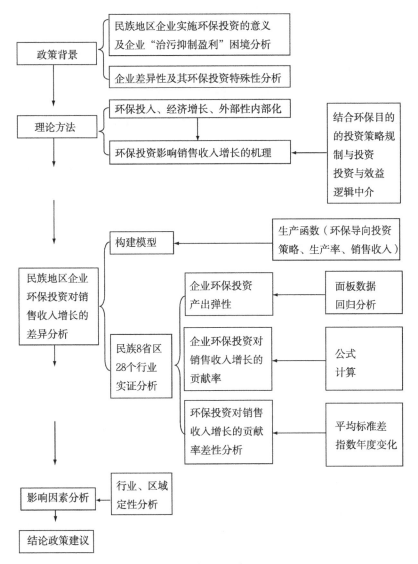

图1　本书研究框架

四、研究方法

科学而适合的研究方法是研究顺利进行的重要保证,为了达到本书的研究目的、满足研究需要,笔者拟采用分解生产函数法等研究方法进行实证研究。

生产函数法,全称为参数生产函数估计法,该方法主要面向生产函数的参数做估计,明确产出和投入的函数关系,用以明确投入产出水平即经济效率水平。该方法优势是能精准判断综合经济效率,为准确评价资源配置的效率、规模经济的效益以及技术效率提供支撑。

综合上述文献在环保投资对经济增长的贡献率模型特点,为我们研究环保投入和企业效益的关系提供了两种思路:一是借助相关模型和数据,研究环保投资和经济增长效率的问题,那就势必要引入全要素生产率;二是研究环保投资与产出(经济增长)贡献率的问题。

对于第一种研究思路,在分解柯布—道格拉斯生产函数时,将环保投入作为资本投入的一部分,资本投入 K 分为环保投入 EI 及其他经济建设投资 I。柯布—道格拉斯生产函数一般形式转化为产出函数:$Y = Af(L, EI, I) = A_t L^\alpha_t EI^\beta_t I^\gamma_t$,$\alpha$:劳动力;$\beta$:环保投资产出弹性;$\gamma$:经济建设投资产出弹性。前提是假设上述 3 种要素的规模收益一定,即 $\alpha + \beta + \gamma = 1$。取上述方程的两端的自然对数,就得到生产函数模型:$lnY_t = \ln A_t + \alpha lnL_t + \beta lnEI_t + \gamma \ln I_t$。

对方程微分后,得到:

$$\frac{\mathrm{d}A_t}{A_t} = \frac{\mathrm{d}Y_t}{Y_t} - \left(a\frac{\mathrm{d}Lt}{Lt} + \beta\frac{\mathrm{d}EIt}{It} + \gamma\frac{\mathrm{d}It}{It} \right)$$

若是要考察经济增长的技术效率,则将全要素生产率分解为技术进步和技术效率两部分,即:$A_t = A_t^1 A_t^2$,其中 A_t^1、A_t^2 分别表示技术进步因子和技术效率因子。

本书主要参照的研究路径是叶丽娟研究中的资本拆分和生产函数转化。生产函数转化为:$Y = Af(L, EI, I) = A_t L^\alpha_t EI^\beta_t I^\gamma_t$,两端同时对 t 求导,再在两端同时除以 Yt 并约去 $\mathrm{d}t$,即得到下列关系:

$$y = \frac{\Delta Yt}{Yt}, \lambda = \frac{\Delta At}{At}, i = \frac{\Delta It}{Tt}, ei = \frac{\Delta EIt}{EIt}, l = \frac{\Delta Li}{Li}$$

其中,$α$、$β$和$γ$分别为环保投资、经济建设投资、劳动力投资的产出弹性,表示环保投资、经济建设投资以及劳动力投资每增加1%,引起经济增长变化的百分比。

用差分代替微分,当$Δt → 1$时,并令:

$$y = \frac{ΔYt}{Yt}, λ = \frac{ΔAt}{At}, i = \frac{ΔIt}{Tt}, ei = \frac{ΔEIt}{EIt}, l = \frac{ΔLi}{Li}$$

则有:

$y = λ + αi + βei + yl$。

上式中的y、i、ei、l分别表示经济产出、经济建设投资、环保投资、劳动力的年增长率,$\frac{λ}{y}$、$\frac{ai}{y}$、$\frac{βei}{y}$、$\frac{yl}{y}$就表示了技术进步、经济建设投资、环保投资、劳动力投资对经济增长速度的影响力大小,我们称之为技术进步、经济建设投资、环保投资、劳动力投资对经济增长速度的贡献率。

本书选取的数据库为全国税收调查数据。税收调表工作要求企业填报固定资产投资及环保运行类费用,这样无疑为我们有效区分EI和I提供了应用数据层面的便利,EI和I的分界更为明显,数据更为精准。

综上,环境保护投资对经济增长的影响力模型,可以构建为:

$$y = λ + αi + βei + yl + μ$$

与一元线性模型相比,该模型的优点在于:第一,它与经济活动的现实比较相符,经济增长的因素来源于经济建设投资、环保投资、劳动力的投入以及技术进步和资源禀赋等因素,而且使环保投资成为显变量,有利于说明本书提出的问题。此外,经济建设资金是经济增长的主要源泉,缺少这类变量单独讨论环保投入,经济模型会显得较苍白、空洞。第二,在实证分析过程中,该模型将比较好地预防因变量缺失产生的失误,使得模型的实证结果更能反映现实,结论更为有效。

在变量的选择上,为了契合本书研究目标,考虑银行信贷评估等衡量企业经营活力时依托的重要参考变量,经济增长,选取企业的年销售收入,经济增长率为销售收入环比年增长率。劳动力投入 L 方面,考虑数据的可得性,本书选取年末就业人数来表示 L,所以年末就业人数的年增加率就表示 l。

经济建设投资 I,本书选用指标为固定资产投资额,则其经济建设投资增加率为 i。目的是将经济建设投资中包含的有关环保投资部分尽量减少、剔除,采用固定资产投资额使指标的替代更为准确。环保投资 EI,结合税收调查统计采集项目特点,充分考虑、借鉴相关先导性研究成果。蒋洪强选用了污染治理设施投资和设施运行费用数据,张雷等选用了环境污染治理总额数据,周文娟选用了城市环境基础设施和工业污染治理投资数据。本书中,2014 年、2015 年,拟采用环保设备运行维护费用来代替 EI,运行维护费用的年增加率即为 ei。

接下来,为了防范伪回归,本书先展开面板数据的单位根检验,将针对单个体的协整检验用于面板数据环境则为面板协整检验。面板数据模型常规的处理方法有两种:若 αi 和解释变量相关,则将变量总体做去均值处理,再行估计,获得固定效应模。若 αi 和解释变量不相关,即可选取随机效应模型。学界判定固定模型效益及随机效应模型并作选择的重要方法是 Hausman 检验。如果该模型拒绝原假设,则应选取固定效应模型;若 Hausman 检验通过原假设,αi 和解释变量就不显著相关,一般就选择随机效应模型。

需要指出的是,本书所用模型包括因变量的滞后期作为解释变量,应纳入动态面板回归模型范畴。根据 Anderson Hsiao 以及 Hsiao 相关研究成果[1],动态面板模型中的固定效应与随机效应的选择,与静态模型的情况是存在差别的。而且,为规避宏观层面数据产生的内生性问题,从而保证动态模型中的随机干扰项不存在序列上的相关性,本书倾向于用 Hausman 检验确定应该建立随机效应模型抑或是固定效应模型。

---

[1] 黄肖琦,柴敏. 新经济地理学视角下的 FDI 区位选择——基于中国省际面板数据的实证分析[J]. 管理世界,2006(10).

在方程估计阶段,要提前考虑全国范围内,企业的环保投入与其经济效益的关系,是存在区域差异的。"一刀切"式的运用少数民族省区的企业数据研究环保投入对经济效益的影响,是片面和不准确的。我们若试图从各区域、各行业具体分析环保投资对经济增长的影响,应优先考虑选取变系数固定效应模型。在估计方法上,优先选取截面加权估计法(cross section weights),充分考虑数据横截面单位较多而时期较少的特点,最大限度地防范截面数据中可能存在的异方差问题,减少数据修正。

变系数固定效应模型如下:

$y = c + a_{it} + \beta_i e_{it} + \gamma l_{it} + \mu_{it}$(i 表示企业,t 表示年份)

运用经济贡献率来分析各区域、各行业的环保投资对企业经济效益的影响大小。首先,按照企业所属行政区划代码、行业类型,对已掌握的企业上报数据,分别加总求和,得到两套新截面数据:分省份($\sum qy$、$\sum qi$、$\sum qei$、$\sum ql$),分行业($\sum hy$、$\sum hi$、$\sum hei$、$\sum hl$)。

然后,设置新的指标,环保投资对企业效益的贡献率 g,g 用公式表示为:

$$g = \frac{\beta ei}{y} = \beta \cdot m$$

其中 $m = \frac{ei}{y}$。

第一部分 β 是环保投资的弹性系数;第二部分 m 是环保投资总额的增加量占企业销售收入的增加量的比例。根据计算公式以及环保投资增长率 ei,收入年增长率 y 和环保投资的产出弹性 β 的相关数据,可计算得到 g。由此,我们可以得到分区域、分行业两个口径的环保投资对经济增长的贡献率的年度均值。

从平均贡献率在 2012—2015 年的波动,本书讨论环保投入对企业效益的影响趋势,在省份、行业上的贡献率差异,进行差异性分析。环保投资对效益的贡献率主要由环保投资的产出弹性决定的,比照贡献率和产出弹性的变化趋势,结合环保投资的效率效应和规模效应分析,提出相关政策建议。

五、创新点和不足

(一)创新点

本书以投入产出为研究主线,通过对环保投资如何影响企业经济效益为理论内涵,并据此构建影响机制和模型,对民族地区企业的环保投资进行经济效益的评价和分析。本书的创新点主要体现在以下三个方面。

第一,以书面形式测算了民族地区各行业企业环保投入的产出弹性及对企业经济效益的贡献值。从研究范围来看,充分借鉴以往所做的关于中国企业环保及绿色投入的研究,不再单纯地做效益增长的因素分析、要素份额分析。而是针对环境规制严格的环境政策背景和民族地区区位、产业特点,通过分行业、分区域的实证分析来探讨民族地区企业环保投入的增加对企业自身效益的影响程度,以期填补相关实证研究的空白。

若要讨论民族地区企业治污是否盈利的问题,测算出企业的产出弹性和贡献值至关重要。本书用环保投入与销售收入的投入产出关系构建了投资投入对效益贡献率模型,实证分析了环保投资影响的结果,包括对环保投资产出弹性、贡献率的计算。在C-D生产函数下,完成了民族地区企业经济总产出的变化的合理逻辑推导,从环保要素投入结构的变化引致了要素边际产出弹性的变化,进而推动经济增长。本书首先用随机效应模型估计,发现变量参数估计显著度较高,无法通过检验。经过进一步进行Hausman检验,建立变系数的固定效应模型,用以考察民族地区企业环保投资额与经济增长(销售收入)的关系,由此得到民族地区28个行业的环保投资产出弹性。为进一步考察民族地区不同行业的环保投资弹性系数和投资份额因素的共同作用结果,本书设定并计算出环保投资对企业经济效益的贡献率;进而清晰地观测到各行业、各省区企业环保投资对销售收入增长的贡献率的平均值。接着,引入平均标准差的差异指数,测算4年间行业间、省域间的贡献率的绝对差异情况,从而最终明确了行业层面环保投入对企业效益的影响方向、行业的贡献率年度差异,以及贡献率差异的变动轨迹;总结出环保投资产出弹性较大的省份、贡献率较高的省份,排列了促进效果较为明显的省份以及贡献率较低的省区。为后续提出政策结论提供了依据。

第二,在我国引入国外研究环保投入与出口绩效之间关系用到的绿色有形资产投资策略,得出了相同的研究成果,即企业环保方面的投资可以提升企业生产率,最终提升企业面对沉没成本的能力。在环保投资举措方面,本书借鉴 Rennings 和 Rammer 关于非规制性因素驱动的一系列广发及相关联的投资动机分析,将环保导向投资组合策略的内涵进一步本土化和丰富化,涵盖了外部环境保护规制方面的政策法规要求,以及企业自身的盈利策略。本书在环保资产投资和管理实践方面,完善了 GTIS 即绿色有形资产投资策略的范畴规定,将企业环保设备使用中的维护费用、治理及运维费用一并界定为环保投入。在上述两部分的讨论基础上,本书汲取了 Green CDM Model 的关键元素,将环保投入、劳动力、研发和人力资本界定为主要的投入源,生产率作为调整后的生产函数的一项剩余,从而统筹考虑了环保导向投资策略通过环保信号的直接影响路径及由环保投资导向策略引致提高的生产率,为本研究领域进一步完善企业环保投资策略与企业生产率提高、销售强度和可能性增强,以及竞争力提高扩展了分析范畴的思路和范式。

第三,通过对民族地区各行业、各地域两个层面对民族地区企业环保投资的效益问题进行了综合性的描述。根据目前有关研究成果,环境保护投资对企业经济绩效的影响存在不确定性,究其原因主要是行业选择差异性造成的,很多文献都是以某一个具体产业来研究环保投资对企业经济绩效的影响程度与方向,结论也就存在显著与不显著,正负效应并存的不确定性结论,区域选择也是以某一地区为研究对象,缺乏系统研究。类似于叶丽娟等人的研究,又是选取全国各省级区域进行测算,照顾到区域结论的同时,缺失了对行业特点的考量。因此,本书从行业和区域两个视角分析环保投资对我国少数民族企业经济绩效的影响,为我国分行业、分区域制定环保投资政策提供理论依据。

(二)不足

第一,基于调查企业环保投入的废水、废气治理设备运行维护等关键信息采集项目是近几年才设计进入税收调查表且由于这部分环境保护投资方面数据的缺失,时间跨度只是从2012—2015年,实证结果若用于长期分析则会存在不足。

第二,本书建立企业环保投资对经济增长影响的模型时,未将环保技术进步与生产技术进步区分开来。环保技术进步是环保投资对经济增长产生影响的重要依赖因素,在模型中没有直接得到体现,从而没有实际度量环保技术进步对于企业经济增长的具体影响,而仅在后面做了简单的量化研究,并未完全呈现企业环保投资对经济增长影响的机制。

第一章　企业环保投资背景及特点

第一节　我国环保法律约束趋强

一、环境恶化及政策调整

2011—2015 年，中国 GDP 的增速从 9.5% 放缓至 6.9%，第三产业对 GDP 的贡献率从原来的 44.3% 提高至 50.5%，业已跃居中国第一大产业。同时城镇人口的占比从 51.3% 上升到 56%。工业产业占比继续下降，达到 40.5%，由此得到单位 GDP 能耗下降至 0.662 吨标准煤/万元。❶

中国的经济发展正进入经济结构调整、动力转换的新阶段，整体经济正在经历转型和再度平衡。多重环保和发展的压力叠加：能源的低碳转型同样面临压力，区域性和流域性的污染加剧，主要污染的排放虽有放缓迹象，但仍居于高位不降。在苦苦寻觅新发展动力的同时，来自土壤、水、大气的污染依然是中国生态环境质量难以全面改善的压力之源，形势依然严峻，由传统的烟煤单一污染类型发展为复合型，困难重重。据《环境保护年鉴》2011—2014 年的数据分析，伴随着生活建筑、交通等各处能源的流失，来自工业和伴生的污染呈增长趋势。工业废气由 67.5

---

❶王海芹,高世楫.我国绿色发展萌芽、起步与政策演进：若干阶段性特征观察[J].改革,2016(3):6-26.

万亿/立方米增加到了69.4万亿/立方米,废水排放量由659亿吨增加到716亿吨。❶

2014年,区域性的雾霾、灰霾天气频发,PM₂.₅指标频繁预警。根据当年在161座城市开展的空气质量新标准检测的数据,仅有10%的城市达标,同比,在470个城市(区、县)开展降水监测,高达29.8%的城市为酸雨城市。在开展地下水的4896个监测点位中,仅有10.8%监测点达到了优良级水质。❷生态系统退化日益严重,荒漠化、水土流失、自然灾害问题突出。

对民族地区而言,自然灾害、生态退化问题往往体现为当地环境的恶化,如资源枯竭型城市的形成。以煤炭资源枯竭型城市宁夏石嘴山为例,历史上因煤而建,因煤而发展。随着50多年的开采,资源深度增加,整体资源所剩不多,资源开采量比高峰期下降,由高峰期的1500万吨下降至2013年的不足600万吨,煤炭资源面临枯竭。❸

再以鄂尔多斯为例,该市西部为典型的荒漠草原性气候,干旱少雨;中部是毛乌素沙地与库不齐沙漠;东部地区则水土流失严重,是国家重点关注的水土保护区。本来就很脆弱的环境在煤炭开采过程中,更增添了地表塌陷的生态危机。据统计,截至2012年,已经探明的老空区为307.61平方公里,塌陷区域面积10.3平方公里,火区面积达到25.22平方公里,积水区域达到0.552平方公里。该地区恶化的趋势仍在以年均3%的速度进一步加重。❹

关于环境规制,应考虑政府在工业污染防治和城市环境保护方面的实际力度。

---

❶数据来源:中国经济数据库(CEIC),中经网数据。

❷《中国环境年鉴》编辑委员会.中国环境年鉴—2015[M].北京:中国环境年鉴社,2011:240.

❸刘悦,程覃思.资源枯竭城市的转型与经济发展[J].中国能源,2015(10):24-28.

❹王剑.资源型城市鄂尔多斯产业转型研究[D].北京:中央民族大学,2013:43-44.

环保部门实施的一系列具体举措,就是本级政府对治污、对环境治理的具体要求(见图1-1)。

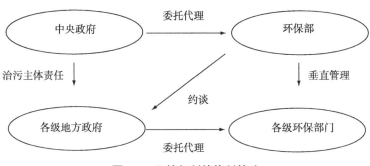

图1-1　环境规制的体制基础

临沂治污的环保风暴事件与官员调整的变化有无关系,可以通过治污、约谈力度、频度与治污效果之间的关系观察得到。经历的两次约谈,2014年9月环保部对包括临沂在内的13座城市发出约谈通知。临沂市政府立即针对已下达限期治理通知书的57家企业且未能在2014年年底及时完善治污设施的企业进行整改。与此同时,2015年年初,华东环保督查中心公开约谈临沂市政府主要负责人。

治污主体的领导,他的行为取舍、决策,执行中央精神的程度发生较大变化和调整,无非有两个原因。一是主管领导个体发生调整,新上任领导由于其个体差异性和特殊性,治污责任意识是不同的,有的急于展示政绩,或与前任相比,要在治污上有新的突破,更加能够满足当地居民的新期待。二是主管领导本身未调整,而是经过环保的专项约谈后,从履行治污的主体责任方面,承担了更多更重的刚性治污任务。如图1-2所示,在部分地区开展的地方环保部门的垂直管理试点就是要通过加强规制的独立性,来切实割裂规制机构与地方政府的关系。

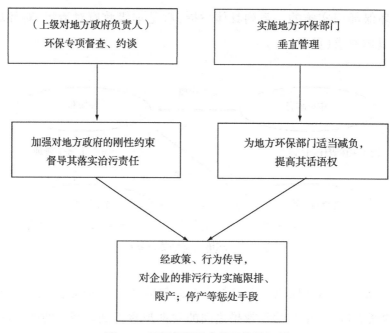

图1-2 环保部门垂直管理作用机制

专业型的高学历领导会采取积极的规制行为,打破原来在环保管理方面存在的企业政治关联,防范企业通过寻租活动"俘获"地方官员。在原有的政商政治利益群落中,较强的政商政治关联会弱化环境规制政策在企业中的实施力度,也弱化了规制原本对技术革新可能起到的激励作用。现有的环境管理模式、治理方式的改变进一步加强了地方政府的治污责任,同时也增强了环保机构负责人的话语权,在某种程度上可能会解构目前根深蒂固的政治关联,使社会资源的分配更公平,经济资源的配置更有效。

(一)环境规制逐步加强

高消耗、高排放、高投资粗放式经济增长方式发展至今,决定了困扰发展的难题,即资源和环境的外部性。这一问题使得政府从环境规制的角度对环境污染问题进行干预成为一种必需。在市场体系下,政府干预手段首先是投资,包括工业污染防治和城市环境保护。另外,通过促进资源合理定价,使环境外部成本内部化。积极要求区域内的企业投入资金,防治区域环境污染,参与区域污染控制,通过法律法规、环保部门,来敦促企业承担应有的经济和社会责任,承担相应的费用。

1. 积极立法

党的十八大对"五位一体"做了明确布局,要把生态文明建设放在重要位置上。在《中共中央关于全面深化改革若干重大问题的决定》中,针对生态文明建设也明确提出,必须建立一套完整的关于生态文明的制度体系,为保护生态环境构建一个明确制度。《中共中央关于全面推进依法治国若干重大问题的决定》也强调了对于加强生态文明建设领域的立法必要,重申保护生态环境要依靠严格的法律法规。

在2014年初修订完成,于2015年1月1日正式颁布的新环保法,以及配套的一系列法律法规、规章制度,凸显对环境违法行为的惩戒、处罚,对相关责任方的追责、问责力度进一步加强。新环保法首次将环境保护确定为我国基本国策,同时明确"损害担责"的原则适用于政府、企事业单位及每位公民。地方各级人民政府应当对所辖行政区域的环境质量负责。企事业单位和其他生产者要对其造成的损害承担责任。

这种政策层面的严格化、制度化与中国绿色发展的加速推进、绿色发展政策的不断完善是相辅相成的。作为绿色发展政策的重要表现形式,环保方面的法律法规等政策文本的演进与特定宏观经济背景、面临的资源和环境问题、环保和经济发展的理念、立法体系及政策工具的选取都密不可分。

环境规制的不断增强与新时期生态文明制度体系的建立、完善相辅相成。它改变了过去单纯依靠末端污染治理保护生态环境的老路,进而转变为依靠源头严防、过程严管、损害严惩、责任追究的完整制度体系。

2. 加强监管

环保部门对"三废"排放严格监管,坚持"三同时"制度、环境影响评价制度、城市环境综合整治定量考核制度。对企业实施"关停并转",实施污染物排放总量控制和浓度控制、污染物集中控制,对超过标准的处以罚款。

(1)"三同时"是指建设项目产生污染物的,应在其设计、施工和后期投产的三阶段都同步开展污染治理设施方面的投资,即:将控制污染源此项工作从工程建设的初期规划就统筹考虑、安排。预先谋划部署污染物的治理,从建设的初期严格控制污染的发生,将有可能改变产量和污染量同步增长的趋势,甚至在增产的过程中产生减污的效应。根据国家统计局关于建设项目"三同时"环保投资的相关数据,2000—2013年,执行"三同时"政策的建设项目数量不断攀升。除了2005年和2009年发生两次轻微下降,在剩余的年份里,该类建设项目数量一直呈现上升态势(见表1-1、图1-3)。通过建设数量的稳步提升,可以说明"三同时"制度执行力度在我国尚属良好。建设项目的实施方在设计、施工和投产的全过程中,都较好地履行了应尽义务。

表1-1 分年度建设项目"三同时"环保投资额

单位:亿元

年份	年度"三同时"投资额
2000	260.00
2001	336.40
2002	389.70
2003	333.50
2004	460.50
2005	640.10
2006	767.20

续表

年份	年度"三同时"投资额
2007	1367.40
2008	2146.70
2009	1570.70
2010	2033.00
2011	2112.40
2012	2690.35
2013	3425.84

图1-3 建设项目"三同时"环保投资额年度变化

（2）环境影响评价制度方面，我国环评制度的首次明确是1979年颁布的《环境保护法（试行）》。之后，国家层面又相继出台了《基本建设项目环境保护管理办法》《建设项目环境管理条例》《建设项目环境保护管理办法》《中华人民共和国环境影响评价法》等一系列法律和法规予以进一步的明确。在法律层面，2014年修订的《环境保护法》规定如下："编制有关开发利用规划，建设对环境有影响的项目，应当依法进行环境影评价。未依法进行环境影响评价的开发利用规划,不得组织实施;未依法进行环境影响评价的建设项目,不得开工建设。"2015年发布的《中共中央国务院关于加快推进生态文明建设的意见》,再次从顶层设计出发,提出了要不断健全环境影响评价制度的工作要求。此外,2016年的《环境影响评价法》正式颁布。至此,以国家法律、行政法规、部门规制及地方性法规综合而成的、较为完备的一整套环境评价法律体系初步构建起来。❶环境影响评价这种规制方式,重点在于对项目环境影响开展分析、预测、评估。上述三方面的工作内容贯穿规划(规划环评SEA)和建设(建设环评EIA)的全过程,旨在对可能产生的不良影响提出预防和缓解建议,进而进行持续的跟踪和监测。

(3)污染物总量控制是我国环保管理制度体系以排污许可为突破口的一项重要改革内容。总量控制是与浓度控制相对应的,通过目标责任书的方式,将污染物排放的削减任务下达到省、自治区、直辖市政府和较大型企业。之后,由被分配单位再通过结构减排、管理和工程减排等多种举措进行落实。从"九五"到目前的效果来看,总量控制在治污减排、改善环境质量等方面发挥了重要作用。通过总量控制为手段的强化监管有效促进了产业结构调整、主要污染物减排、环境质量改善,环保基础设施建设能力也显著提升。❷

随着2016年国务院印发《控制污染物排放许可制实施方案》,环保监管对污染物总量控制的颗粒度将更细,过去单纯依靠行政区划来分解排污任务指标的局面将进一步改善。排污总量控制范围将逐渐统一到固定的污染源上去,即促使制造污染的企事业单位要承担其减少排污总量的主体责任,相关治污主体要严格参照排污许可证上规定的排污上限阈值控制生产。

---

❶姚舜.内地与澳门环境影响评价制度比较研究[J].新经济,2018(1):47-52.

❷蒋洪强,周佳,张静.基于污染物排放许可的总量控制制度改革研究[J].中国环境管理,2017(4):9-12.

3．加大国家环保投资

运用官方命令型的规制手段,政府鼓励企业采用清洁技术(财政补贴),并对节能减排的成果给予奖励。

国家层面通过设置专项资金进行专项扶持,比如财政部建立完善了从中央到地方政府的针对清洁生产的专项资金,以及中央财政清洁生产的专项资金制度。该类资金主要用于促进和鼓励企业投资开展清洁生产。支持的企业涵盖污染重点行业,包括石化、冶金、化工、纺织、建材,以及轻工业。资金往往是通过财政奖励的形式对企业的典型性节能减排成果给予物质表彰和肯定。

一是财政部、国家发改委专门制定适用于节能技术改造的财政奖励金管理办法,采用以奖代补的方式,对节能技术改造项目予以奖励。奖励依据是企业投入技术改造后,每年度可以实现的节能量。按照企业所处的省(区市)经济发展水平的差别,一次性获得的奖励标准也有所区分。项目实施完成后,中西部地区企业参考300元/吨标准煤的价格进行奖励,中东部地区企业参考240元/吨标准煤的价格进行奖励。

二是对经济欠发达地区落实淘汰落后产能给予奖励,奖励的范围主要是国务院规定的电力、钢铁等重点治污行业。按照年度中央预算的安排,综合考虑地方政府当年淘汰落后产能的力度、上一年度目标任务的完成情况和资金使用情况,统筹考虑安排资金奖励。而对企业具体获得的奖励标准和金额由地方政府确定。

三是对淮河、海河等重点流域的水污染防治项目建设给予资金奖励。财政部有关文件规定,奖励资金要综合考核上述流域项目水污染防治结果,以及其流域需氧型污染物(COD)的实际削减数量。

四是对北方采暖地区既有的居住建筑实施供热计量和开展节能改造的工作予以奖励。根据采暖区域在气候条件上的差异,奖励基准分寒冷及严寒地区两类,同时充分考虑了改造工作量等其他影响因素。经因素法分配后,寒冷区的奖励基准确定为45元/平方米,严寒区为55元/平方米。

五是以示范城市为评价对象,对以城市为单位的节能减排财政政策综合示范进行奖励。北京在内的30余个示范城市正在着手开展以产业低碳化、交通清洁化、建筑绿色化为内核的总示范工程。城市示范体推行财政部出台的相关政策,以城市主体为平台,整合财政税收等多种政策手段,实施城市节能减排示范工程。根据示范体的项目投资、地方级投入和减排节能实效,中央确立奖励标准,即每座城市在3年的示范期内安排15亿元~20亿元的资金来予以奖励。❶

4. 其他方面

排污费收取(如确认排污费征收额)、实施排污许可制度、试点排污权交易;环境信息适度公开;环境标志制度的确定、ISO 14000环境系列标准的推广和应用。

(1)实施排污许可证制度

2016年以来,我国的污染形势兼具区域型和复杂型等变化特点。为扭转污染治理工程减排乏力的局面、切实回应社会公众对环境保护事业的高度关注,国务院印发的81号文,即《控制污染物排放许可制实施方案》,将排污许可制度确立为固定污染源环境管理制度体系的核心部分。目前,实施的许可制度主要通过以下三项举措强化监管:其一是根据企业所处的行业,设定行业排放标准,从而进行排放量的核算;其二是采取环境影响评价的形式,获取企业环境影响评价结果,或是通过政府批复文件来确定企业的许可排放量;其三是根据企业所处的区域或者流量的总量减排指标及任务来明确和核算企业个体允许排放的具体数量。综上可见,新实施的排污许可制度是与相关行业的技术规范紧密结合的。监管措施获得技术等层面的重要支撑,促使从在线监测、手工监测、物料

---

❶唐忠辉. 节能减排财税政策及其对节水的启示[J]. 水利经济,2016(11):9-12.

衡算、排放因子等优先顺序,建立并完善一整套自我监测、记录台账和报告执行的新型企业实际排放量核算机制。此外,排污许可制度也推进了监管部门的执法和信息化水平,运用大数据监管平台等技术手段,推动公共参与,强化社会监督。推行更为严格排污许可制度,实际上是从单位总量控制目标、能源消耗、浓度限值、治污要求等诸多方面系统性地对企业治污提出要求,逐渐形成科学的技术方法与更合理的减排责任机制共同驱动的污染物总量控制管理体系。❶

(2)环境信息适度公开

政府层面通过《公开发行股票公司信息披露实施细则(试行)》对污染密集型行业上市公司的环境信息公开做出如下规定:上市公司应通过年报、临时报告、上市公司公告、招股说明书等披露方式来履行自身的环境信息公开责任。公司年报将提及企业的环保目标、方针,公司有关环境保护方面的制度制定和落实情况,节能减排工作的具体成效等等。作为对社会责任履行情况的重要组成部分,企业在公司治理结构部分将表述采取的环保措施、处理工业三废等情况。在财务报表的附注部分,企业将用较多的篇幅来披露以货币信息为主的环境信息,例如公司环保设施的在建工程款项、环保设备所提折旧、企业缴纳的资源税、排污费、绿化费,以及环保补贴、环保收益,等。❷

(3)环境标志的确定

环境标志是民间团体或公共机构授予自愿申请的企业因其产品或服务达到环境保护标准的特定标志。获取该认证的企业被允许将此枚标志印制在所申请的产品包装上或者是应用于其企业宣传等用途。该标志的确立和推广,能够帮助企业清楚地传递环保信号,清晰、准确地向

---

❶蒋洪强,周佳,张静.基于污染物排放许可的总量控制制度改革研究[J].中国环境管理,2017(4):9–12.

❷杨洋.污染密集型行业上市公司环境会计信息披露对绩效的影响研究[D].西安:西安科技大学,2016.

消费者表明,该产品或服务和同类型的其他产品及服务相比,占有更强的环境优势,在国家法律要求的生产全过程中都符合相关环保标准和规范,覆盖开发、生产、使用、回收、利用,以及处置等环节。

(4)ISO 14000环境系列标准的推广和应用

国际标准化组织在1996年最早提出该标准,旨在规范企业各类生产活动,对改善企业自身生产环境、减缓其对自然环境的污染、最大限度节约能源资源都起到了较好的促进作用。在该系列体系中,ISO 14001体系是核心部分,主要注重在产品设计、材料选用、生产工艺、废物处置、设备运行,以及经营活动等方面实施审核,对照体系的方针要求,来检验是否符合标准,以此对企业的环境绩效展开认证。该系列标准尤其对原材料和能源使用的节约提出了更高要求。企业推广应用ISO 14001体系将显著降低其废弃物的产生量,有效降低废品率;同时,企业产生的边角料也明显较少。过去的粗放式生产通过企业采取的一整套加强资源能源综合利用的举措,逐渐向集约化、精细化方向发展和转变。此次,实施这一体系认证的目的在于将绿色化管理扩展至企业经营的全流程,包括产品设计、运输、销售和服务的各环节。在产品生产的环节应节约资源和能源,防止资源的过度开发;减少化学物质对人体的危害;积极开发新的技术手段对落后产能和落后生产方式实施替代。在营销过程中,强化各级人员绿色营销的理念,比如实施清洁生产,尽可能使原材料最大限度地转化为最终产品,达到有效利用能源资源的目的,在工艺上倾向于使用高端无污染技术设备。❶

(二)制度约束趋强

随着配套新环保法,出台按日连续处罚、查封扣押、限产停产、信息公开等针对环境违法的相关管理措施。监管体系不断完善,环境违法成本大幅提高。

---

❶吴玮.关于环境管理体系对企业管理的促进作用分析[J].节能环保,2018(1):16-17.

制度约束在其力度和形式上,作出环境友好倾向的调整,是政治主动适配经济结构转型和生态文明建设的过程。连续出台法律、法规、部门规章,以及配套的行动计划、实施方案等,是着力强化环境法律约束、构建环保"政策群"的过程。

制度约束趋强,主要体现在以下两个维度:纵向上,人大不断修订环保领域的现有法律,及时研究制定以往被忽视的法律,凸显了立法机构立法举措的与时俱进。

2011 年以来,立法修法的力度不断增强,只有从最高层级的法律修订入手,才能为环保执法提高必要可靠的制度法律依据,才能不断完善环保工作的法制环境,从而保证必要的法律执行效力。具体如表1-2 所示。

表1-2 2011年以来修订环保法律列表

法律涉及领域	法律名称、修正(订)时间
资源能源领域	《中华人民共和国煤炭法》(2011年修正)
	《中华人民共和国电力法》(2015年修正)
环境保护领域	《中华人民共和国固体废物污染环境防治法》(2013年修正)
	《中华人民共和国海洋环境保护法》(2013年修正)
	《中华人民共和国环境保护法》(2014年修订)
	《中华人民共和国大气污染防治法》(2015年修订)
清洁生产领域	《中华人民共和国清洁生产促进法》(2012年修正)
环境立法与执法程序领域	《中华人民共和国行政强制法》(2011年颁布)
	《中华人民共和国治安管理处罚法》(2012年修正)
	《中华人民共和国国家赔偿法》(2012年修正)
	《中华人民共和国立法法》(2015年修正)
环境司法领域	《中华人民共和国刑法》(2011年修正)
	《中华人民共和国民事诉讼法》(2012年修正)
	《中华人民共和国行政诉讼法》(2014年修正)

横向上,偏重于某个特定领域的法律子系统也日趋成熟。在法律制定之初,就能综合统筹,配合出台相应的部门规章、地区法规,互相协调,共同发力,有力规避单个法律施行时的局限和孤立。

因此,纵向上,法律群有序出台;横向上,"政策群"有力衔接,互为补充。部分行业下钻的法律如表1-3所示。

表1-3　部分行业污染防护标准的细分标准

《中华人民共和国大气污染防治法》	工业炉窑大气污染物排放标准
	火电厂大气污染物排放标准
	炼焦炉大气污染物排放标准

二、对各级政府及环境治理主体的环保考核要求趋强

(一)环保要求严格

新环保法将环保方面的硬性约束体现在对政府顶层设计、后续执行、结果运用等每个环节,形成闭环制约和全程要求。鉴于环境问题具有广泛性、滞后性、不易恢复性及恢复的高成本性,政府的每种行为都体现了环保的具体要求。对政府不作为、懒政,造成环境污染的,加大了问责、追责及惩罚力度。

在统筹谋划阶段,环保工作应纳入当地人民政府的国民经济和社会发展规划。在制定经济政策、技术导向时,要广泛听取相关领域专家的意见和建议,把对环境的影响放在考虑因素中。在日常管理阶段,环境质量检测机构及其负责人对监测数据的真实性和准确性负责。在目标考核和成果运用上,体现在环保目标责任制和考核评价体系中。环保监督管理部门以及政府及负责人要将环保目标的完成情况作为本级和下一级考核内容之一,也是衡量其最终考核结果的重要依据。

在中央审议通过的一系列文件也规定了地方政府负责人在当地环保

工作中所应承担的治污主体责任,强调党政同责与自然资源离任审计。

(二)举措和惩处

为了解决环保责任主体不够清晰的问题,一改持续已久的政府环境问责乱象,部分地区通过完善责任立法,为问责环境治理主体提供了必要、全面而坚实的法律依据。2014年12月,为配合新的环保法实施,湖南省政府通过了两份规范性文件《湖南省环境保护工作职责规定》《湖南省重大环境问题(事件)责任追究办法》,采取省级政府正式发文形式,明确规定了该省、市、县、乡四级政府、30多个党政相关部门在环保上各负何责,在何种情形下应承担何责,以及如何追责。[1]

环境审计方面,以深圳市宝安区为例,该区在全国率先推行了领导干部离任自然资源审计制度。以总、分两套报表综合反映某地的资源资产总量和单一资源的价格构成,以及资源的存量情况。依据该方案对审计对象任职期间的环境行为开展评价与监督,考核是否因个人决策失误造成自然资源资产的破坏和损毁;是否发生违法占有、浪费、破坏污染资源的行为;同时还将考察审计对象是否对自然资源违法案件及时查处,结案率如何。审计对象包括区政府各部门、各街道办的正职或主持工作副职。[2]

三、对微观层面企业主体的环保要求趋强

(一)指标细化

环境管理问题的本质是经济问题,是环境绩效、经济绩效指标统一结合,保障生态和经济发展同步完成的标准化过程。相关的定量的规定是环保要求的主流。例如,在《环境空气质量标准》(GB 3095-2012)、《生

[1]杨朝霞,张晓宁.论我国政府环境问责的乱象及其应对——写在新《环境保护法》实施之初[J].吉首大学学报(社会科学版).2015(7):1-12.

[2]武欣中.干部离任将算"环保账"[J].中国青年报,2014-08-19(06).

活饮用水卫生标准》（GB 5749-2006）等文件中，新增设了部分污染物项目及测量方法与排放标准限值，对污染物排放进行了更严格和更详细的规定。其他详细的微观层面指标问题在后续章节将重点展开并结合实例进行讨论，即用企业层面的环境绩效数据来说明政府层面环保要求指标化的过程。

环境规制就是利用提高外部环境规制要求来激励企业内部做出相应的调整，以此来影响企业的经营，成为一个重要的外部因素，即切实通过改变企业管理者面临的激励和约束条件来影响企业主的投资决策。❶

（二）增强了对违法行为的处罚力度

2000 年出台的《大气污染防治法》虽明确地设立了超标违法条款，但就是因为处罚程度过低，遭到广泛批评，成为环保工作违法成本低的显著佐证。2014 年修订的《环境保护法》取消了所谓限期改正的治理模式，转而直接限制企业生产或责令其整改，迫使企业停业整顿。针对情节比较严重的，甚至直接要求停业。

在实施行为处罚外，对企业的经济处罚也有所增强。罚款若无法促使企业纠正违法行为，将持续对其处罚。涉及违法排污受到罚款处罚、被责令改正拒不改正的企业，将按照处罚数额自责令改正之日的次日起，按日连续处罚。这实际上是通过经济处罚倒逼违法企业加速整改，督导、督促其及时纠正违法行为。

为规范实施按日连续处罚，环保部依据《中华人民共和国环境保护法》《中华人民共和国行政处罚法》等法律，专门制定了《环境保护主管部门实施按日连续处罚办法》。环境保护主管部门复查时，发现排污者拒不改正违法、排放污染物行为的，可以对其实施按日连续处罚。

除了经济上的处罚，在限制企业经营方面，对超标准排污或逾越重

---

❶田双双，李强. 管理者私人收益、产权性质与企业环保投资——考虑制度压力的影响[J]. 财会月刊，2016(21)：21-26.

点污染物排放控制总量强行排污行为,当地政府可采取限制其生产、停产等举措予以纠正。对于情节严重的,在报经上级批注之后,可以责令其停业、关闭。

值得注意的是,拘留等限制人身自由等严刑峻法首次运用于环境违法的惩治中。根据具体情节的严重程度,通过拘留的刑罚直接限制生产经营单位主管人员及直接责任人的人身自由。

主要涉及两种拒不执行、一种拒不改正,以及一种违法行为:若某项目建设中没有依法对环境影响进行评价,被责令停止建设但拒不执行;未取得排污许可证而私自排放污染物,被责令停止而拒不执行;对国家明令禁止生产使用的农药仍然生产使用,被责令停止而拒不改正;利用渗坑、渗井、暗管、灌注或修改捏造监测数据,或者关闭防污设施等不正当逃避监管,违法处理污染物的违法行为。

从2000年《大气污染防治法》到2014年《环境保护法》,主要围绕着环境标准的法律地位、实施力度做出了重大调整:将环境质量标准作为法定环境管理目标,明确地方政府对环境质量达标的责任,要求制定达标计划限期达标;将污染物排放标准作为污染源管制的基本手段,加大超标排放的处罚力度,使排放标准"长出了牙齿"。这一时期,环境标准的作用得到了空前重视和强化。❶

总之,在环境质量目标的引导下,形成了"绿水青山就是金山银山"的普遍思想理念,不再以GDP增长为主导片面考核政绩。对环境治理的违法行为加大惩罚力度,加强公益诉讼、加强环保部门的权利和执行力度,这一系列措施成为新环保法最有力的支持,从政策层面反映出环境规制愈发准确、日趋严苛。

---

❶张国宁,周扬.我国大气污染防治标准的立法演变和发展研究[J].中国政法大学学报,2016(1):97-115.

第二节 "治污不赚钱"的困境分析

运用经济学研究解决环境污染的外部性问题,政府要通过制定实施环保政策,协调经济与环境间的失衡关系,使环境负外部性内部化,促进企业开展污染治理,从而达到环保目标。而"治污不赚钱"一直以来都是企业逃避治污义务的惯用理由。究竟是日常治污的成本负担慢慢拖垮了企业,还是"断崖式"的限产、停产直接终结了企业昔日依赖偷排维系的经营和生产,是近几年学界的热议论题。

企业治污、减少污染造成自身产出水平降低、利润锐减,无非是因为严格环境规制要求企业主体从经济上、行为上作出更符合社会整体利益的调整,兑现减排承诺、履行环保义务。治污与盈利这对矛盾之所以过去未被提及,原因有以下两方面。

一是自身治污成本较高的企业,过去维持盈利就是因为隐蔽排污,并未投入人力物力治污。经济实力较差、经营规模尚小的企业,资金缺口较大,难以承受在其发展初期就大额投资购入专业设备治污,所以该种企业采用隐蔽手段排污的现象很普遍。

二是企业过去的治污方法不当。可以用来降低治污成本、提高产出和效益的技术及方法未被采用及应用,所以承受较重的负担。即便部分企业投资安装了治污设备,但因缺乏设备运营所需的专业技术,设备应产生的规模效应不够明显,致使运营成本过高。大量的排污企业为降低成本,将治污设备停置,在应付环保部门检查时偶尔运行,其余时间仍采取偷排的方式生产。❶

---

❶李璐. 工业治污运营的新模式——系统化合同减排模式[J]. 中国环保产业,2011(10):52-55.

一、企业环保投资的具体内容

对企业环保投资的内容界定,要与国家宏观层面做的环保治理费用、工程建设加以区分,对此众多学者也进行了较为丰富的概括及分类,分型的依据涉及会计学、管理学等多方面。以国家文件做出相关定义方面,国家环保总局在1999年的64号文中指出,污染的治理投入、环境管理与污染防治科技投入、自身环保建设投入是环保投资的几大内容,其中生态建设投入不在其内。文件从鼓励环保产业从事积极开展相关活动的角度规定了环保投资的内涵:环保产业的重点应该放在污染物与安全处置的活动开展,推出节能技术装备,研究清洁低碳的生产技术,提高资源的回收和利用。

唐国平、李龙会[1]总结并区分了政府与微观企业作为投资主体,其投资结构、投资组合的目的、内涵和特征,使其形成的投资内容更具有概括性、多重性,也更清晰。他们指出,研究环保技术、组织改造设施、配套系统的支出,治理污染、开展清洁生产的支出,缴纳的税费、用于生态补偿等其他间接参与环保活动的支出,都应属投资。

作为预防性的投资环节,环保设施及系统的投入和改造往往处于企业生产经营的前置阶段,也是企业配置其资金的主要内容。对建设项目而言,要保证其防护措施和设备与建设主体工程设计、施工、投产使用相同步。在施工期,保证环境监测设备到位,可以实时日常监测做好必要整改。对生产企业而言,特别是污染程度较高的行业,持续投入环保设备、环保技术的研发,同时通过一般产品研发投入提高产品的环保标准,就显得至关重要。

作为日常管理投资部分,环保投资贯穿于企业经营管理的全过程。建设项目完成环保验收及环保设备投入使用后,日常的环境管理费用、

---

[1] 唐国平,李龙会.企业环保投资结构及其分布特征研究——来自A股上市公司2008—2011年的经验证据[J].审计与经济研究,2013(4):94-103.

监测费用、企业环境管理体系的建设投资,仍是必不可少的。此外,绿化费用、环保宣传、培训投入、公益支出都构成了日常环境管理投入。

作为污染治理的重要载体,对污染治理设备的持续投入,运行维护上的人工和材料成本摊销,企业计入"三废"综合利用的设备投入都是企业环保投入的有机组成。本书使用到的污水及废气治理设备运维费用数据来源于治污企业对自身相关治污环节有关物料消耗或者运行成本的客观记录。在税收调查表中,上述两项费用仅需填报一个年度数值。该项数据同时也被环保部门采用,用于环境管理及跟踪执法等环节[1]。

2012—2015年,税收调查数据显示共有1569户企业持续在污水及废气处理方面投资。经笔者对青海、山东、湖南多个省份环保投资企业的调研,可以总结出,在日常运营项目管理中,企业一般将以下方面的支出计入污水处理运维费用:项目操作工人的工资、维护(润滑油、皮带、劳保用品等)、处理设备(维修、零配件更换)的大修、药剂使用、化验花销、污泥清理和运输产生的费用。在治理废气排放方面,废气的组成包括含尘废气、有机溶剂废气、发酵废气、酸碱废气和恶臭,企业的治理技术主要有吸附回收法、燃烧法及组合清洗法(碱洗+RTO)。企业需购置吸附性材料用于减少生产环节产生的诸如重芳烃类尾气,回收重芳烃的溶剂投入、用活性炭装置涂覆在工程部分工段,通过多种方式进行分子蒸馏、连续酯化;根据实际需要还需修建调油池、节油池等必要设施;最终要使处理后的废气达到《大气污染综合排放标准》,主要污染物去除率要达到99%,蓄热效率≥95%。

二、企业降低及控制治污成本的方式

(一)环境治理专项外包

关于排污企业与环保企业的关系。企业可以在不调整内部资本结

---

[1] 乔永波.企业环保投资效率评价指标体系构建研究[J].科技管理研究,2015(18):48–53.

构和部门分工的基础上,将有潜在排污风险的部分生产环节,外包给专业公司。这类公司即是承接环保外包业务,提供环保类服务的企业。

部分环保设备属于高科技产品,在其安装调试、运行维护、运营管理等诸环节对操作人员的技术水平要求较高。对于这部分专业化服务的外包其实属于"第三方"治理的范畴。第三方被国内多数学者定义为相对于传统污染治理中的参与两方,即政府和排污、治污企业之外的,将治污这一职能独立分离开来,交给专业污染治理机构——提供专业环境服务公司的一种重要合作模式。在工业污染治理方面,尤其是大型工业企业、工业园区,具有规模效应和集中优势,与环境服务公司通过委托代理、托管运营等模式,享受专业机构提供特定的环境服务,共享外部服务节省下来的减排费用。❶

近年来,这种交付本企业生产的污染物由专业机构进行治理的运营模式在浙江等省积极推行。据浙江省统计,企业开展污染治理的设施专业化运营之后,可将达标排放率提高至70%~80%,有的企业甚至可达90%。与排污企业单独运营做比较,达标率提高30%~50%,成本下降10%~20%。❷

(二)治污企业联盟

购买治污设备或建设治污设施,使企业承受了较重的固定成本升高压力。由于存在最低经济规模,治污的平均成本在一定治理量的范围内是趋于下降的。单个企业排污量不大,加之经济规模也较小,就与技术水平决定的治污最低经济规模间产生较大差距。

企业形成产业环保专项的企业联盟,在特定区域、特定范围内,共享

❶董战峰,等.我国环境污染第三方治理机制改革路线图[J].中国环境管理,2016(4):52-59.

❷李璐.工业治污运营的新模式——系统化合同减排模式[J].中国环保产业,2011(10):52-55.

技术、设备、其他社会资源,使原先单一的设备固定资产购入变成融资租赁等较为经济的形式,最大限度地降低环保设备购置对企业现金流的负面影响,缓解投资负担。彼此相依,互相支撑,一同度过环保规制加强后企业生产、发展的严冬。

(三)政府补贴

积极研究,适配国家相关政策,争取补贴,以及其他形式的帮扶或鼓励性的补贴形式。由于存在行业、区域及产业结构上的差异,政府通过命令控制等正式规制对企业的环保投入产生的刺激作用、倒逼机制,也存在企业异质性特点。[1]

企业的行为选择、创新激情、积极转化成果的热情都与上述政府治理中的规制方式有关。环保投入特别是绿色工艺的开发及转化具有公共产品的一部分特性,企业的行为结果获取的社会效益将高于个体效益。为了促使自身获得创新等环保投入的经济补偿,维持企业的创新积极性和发展动力,企业积极研究相关政策,争取通过产权保护、税收优惠和公共服务等直接或间接的手段,得到经济上的支持。[2]

一方面是争取专项资金的帮扶。为鼓励企业推广、应用绿色工业技术,各地方环保和财政部门通常会设立财政的专项资金,鼓励中小企业在环境污染治理设施、中水回收利用,以及污水零排放设施建设等方面的投入。另一方面是通过适配发贷门槛、满足银行条件,争取更优惠的信贷支持。企业可以通过实施节能减排等其他归类为循环经济发展的重点项目,争取得到银行的优先贷款,不断夯实外部资本的支撑基础。

对于银行拿出来用于专项环保或无息优惠贷款的该类资金,政府往往采用贴息的方式,保证贷款来源充足,又提高银行对环保贷款的热忱,

---

[1]原毅军,谢荣辉.环境规制的产业结构调整效应研究——基于中国省际面板数据的实证检验[J].中国工业经济,2014(8):57-69.

[2]王锋正,郭晓川.政府治理、环境管制与绿色工艺创新[J].财经研究.2016(9):30-40.

扩大补贴面。

（四）环保公关（腐败贿赂）

在分析企业积极修炼内功、争取外力为己减负的同时,我们应同时考量另一种企业潜在的选择,即政治谈判动机的存在及其影响。如果环境规制强度不够大、持续时间不够久,或是鼓励性规制极度匮乏,抑或是在实施过程中人为干扰因素过强,都有可能引导企业将环保战略的重心置于与政府的公关谈判,甚至是对部分领导干部的"攻关"上。企业环保治理的"经济账"分为公关投入和环保投入,此消彼长。

对于环境规制增强与企业加大政治贿赂力度的关系,Cole围绕FDI与环境规制背景下腐败程度的相关研究表明,外国直接投资的增加将导致企业竞争的增强,进而促成当地政府提高规制水平以提升社会整体福利（福利效应）。但高规制可能导致企业加大贿赂力度而影响规制作用的发挥（贿赂效应）。在腐败程度较高的地区,贿赂的增加程度会更为明显。❶

当制度约束较弱、政府公关成本低于环保治理成本,而公关又能够发挥作用时,企业会做出短期战略调整,即关注短期利益的最大化,更倾向于公关政府,同时继续污染。该类企业环保减负的方式就是努力获得政府的支持及更多的资源、更宽松的环境监督环境,而不是研究如何调整投资和发展战略,改进自身的生产系统和方法体系,以此不断适应新的环境要求。最终,该类企业的生产污染将持续外部化,转嫁给社会公众。❷

---

❶Cole M A. Elliott R J R, Fredriksson P G. Endogenous Pollution Havens: Does FDI Influence Environmental Regulations[J]. Scandinavian Journal of Economics, 2006, 108(1): 157-178.

❷胡元林,康炫.环境规制下企业实施主动型环境战略的动因与阻力研究——基于重污染企业的问卷调查[J].资源开发与市场,2016(32):151-156.

三、企业应对环保严要求及其环保投资行为

当较强的环境规制作用于微观企业时,企业为使生产的诸环节、经营的各方面都符合规制所明确的新标准,不得不调整完善自身的投资有机结构。

（一）内部投资变动

一方面,企业会扩大对生产技术创新(改造)项目的资金投入,以期通过内部倾斜性投资调整,使生产达到环境规制标准的最低要求,从而避免环保监督执法的高额处罚。诚然,具体情况应具体分析。某类企业的环保投入压力较小,在规制变强之前的年份里,在其企业的内部生产布局中,环保投入占比较低,或者划分到环保方面的投入是企业的常规性投入。比如部分岗位的工人面临潜在的污染风险,定期举办安全防护方面的培训、对关键岗位人员的定期体检,相关人员职业资质的定期年检,还有一种情形,就是环保投入对其效益、对其影响很深远,环保投资比重与其承受能力不匹配,投资难以收回。进口一套外国的催化氧化环保设备,价值往往上千万元。对于小型企业而言,该项投入占总投资的比重不小,每月伴生的水电资源消耗也将非常巨大。投资使企业的排放量符合国家的标准,但高额的前期投资对企业后期资金的迅速回流产生了巨大压力。对该类企业而言,环保的投资从内部无法与企业能力的发展相协调,生产产出的资金盈余短期内无法追赶设备更新的快节奏。❶企业面临由此引发的"资金饥渴",同时缺乏环境救助、帮扶资金的"输血急救",导致了部分企业生产经营因自身意愿受阻,产业升级速度过缓。

（二）外部投资的变动

企业对环保的投入不但影响自身内部投资组合的调整,同时也影响

---

❶张丹蕾,马志娟.关于环境审计促进化工行业产业升级的调查研究——基于南京地区[J].经贸实践,2016(2):274-275.

了外来投资的选择。在重视题材、注重企业财务状况的当下,因环保投入造成企业生产成本升高引起利润率下降、效益变差,都可能引起外部投资的调整变化。

微观经济主体的机会主义存在、消费者约束等方面限制了企业靠销售获得资本补充。若企业在其生产环节增加了环保投资成本,必然导致市场价格高于非环保产品价格,因此消费者面临选择。消费者是否在享用清洁环保生活的同时愿意支付非环保产品与环保产品之间的价格差,影响了生产企业资本沉淀。外部盈利性投资更是如此,投资者是否认可环保投资开展对企业未来现金流的促进作用,是否对未来产品因具有环保属性而提高销售业绩满怀信心都制约了企业的外部投资行为。对于环保产品品质、产品定价的敏感程度不一,就决定了外部投资的复杂和变数。

(三)行业内部成员的变动

环境保护和经济发展应是相辅相成的,这一理念从"十一五"提出的建设资源节约、环境友好型社会,到党的十八大作出"大力推进生态文明建设"的战略决策,再到党的十九大指出加快生态文明体制改革,这一理论将持续指导中国的经济发展。经济的迅速起飞阶段,一旦产生过量污染,挣脱环境本身的束缚,逾越"环境承载阈值",必将使自身的快速发展难以维系,甚至丧失解决环境问题的可能性。[1]国家层面为了防范我国经济陷入这种困境,必将持续提高环境规制的强度。在可预见的未来,这种中长期的紧张性环境规制将延续。在相关行业内部,迟迟未能达到减污目标、生产率水平仍旧低下的企业将逐渐被淘汰。

资本会逐渐集中到生产率较高且排污较少的企业。外来资本的深层涵养又将进一步促进该类企业生产规模的扩大和技术水平的提高,也

---

[1]张红凤,等.环境保护与经济发展双赢的规制绩效实证分析[J].经济研究,2009(3):14-26.

会引起生产率增速的提升。❶

症结在于,部分企业处理不好顶端与末端治理的关系,理不顺环保投资和企业增收的关系。为了应付最终产出物的环保考核与监督,大部分企业仅会选择在生产的末端投资。由于自身认知的缺陷和知识信息约束,广大企业主无法接受有效技术,缺乏对规制政策和环保标准的了解,无法从投资组合的角度认同环保投入对企业产出、效益可能发挥的促进作用。他们固守这样的思维,污染治理是与产出和效益毫无关联的非生产性投入,只能一味地抬高成本、带来负担。结果是环保设备的初期投入只能成为应付检查的工具,而无法有效促成企业持续性治污能力的形成。❷

第三节　企业的差异性及其环保投资的特殊性

一、重污染行业优化生产、减少排放的必要环保投资

相较于其他行业,重污染企业的环境损害更大。污染密集型或重污染企业,其生产和治污是环保问题的主要矛盾,其中环保负担较重企业是矛盾的主要方面。

重污染企业作为中国 GDP 的主要贡献方,行业总体引发环境问题的可能性和对环境的破坏程度,均比其他行业更高更严重,是频发的环保事件与热点纠纷的"触发器"。政府对环境与经济的协调发展负有监督责任,重污染企业就理应在可持续发展过程中担负环保的主体责任。❸

❶蔡濛萌,薛福根.环境规制、行业污染与生产率增长——基于行业动态面板数据的实证研究[J].东岳论丛,2016(2):178-183.

❷郭庆.治污能力制约下的中小企业环境规制[J].山东大学学报,2007(5):105-110.

❸胡元林,康炫.环境规制下企业实施主动型环境战略的动因与阻力研究——基于重污染企业的问卷调查[J].资源开发与市场,2016(32):151-156.

环保部2010年公布的《关于〈上市公司环境信息披露指南〉（征求意见稿）公开征求意见的通知》❶中将重污染行业规定为采矿业、制革、纺织、发酵、制药、酿造、制造、建材、石化、化工、冶金、煤炭、电解铝、水泥、钢铁、火电。上述行业内部每个经营主体的一举一动都会对治污的结果或是政府规制政策的调整，起到至关重要的作用和影响。

作为重要环保生产实践主体，采取主动型环境管理策略，才能将应对环境规制的环保投入与企业经济效益及竞争力的提升统一起来。主动型的环保策略与环境导向型的投资策略相结合，才能将环保投入真正落实到竞争力构建并稳步提升的过程中去，覆盖生产的整个周期，包括研发、采购、生产、物流、市场、销售等诸环节。具体而言，投资的分项涵盖环境技术改进、设备投资、环保产品创新，以及环境治理和管理系统的开发与完善等。

重污染企业是众矢之的，其承受环保责任信息披露的信息公开约束、法律法规趋紧约束的威权要求，以及地方行政部门施加压力、上级单位的要求。实施初期，种种强制力成为重污染企业主动性环保投资战略的投资动力，也是最终目标，即符合要求，避免处分，防范担责，减少损害。后期，企业在经营中仍能持续投入，经过部分学者的问卷调查，支撑这种投资行为的动因多是为了能够充分享受到国家各方面的环保优惠政策。❷

政府通过设计不同层面的市场机制，来逐步借助市场信号引导重污染企业的科学排污，明确企业的排污所有权，激励其开展技术革新，将自身的污染控制在环境容量和环境净化能力要求的安全范围内。从反向上，重污染企业积极调整经营战略，使环保指标符合政府规制的最低要

---

❶环保部.上市公司环境信息披露指南（征求意见稿）[R].（2010-09-14）[2016-09-25].
http://wfs.mep.gov.cn/gywrfz/hbhc/zcfg/201009/W020100914403449464600.pdf.

❷胡元林，康炫.环境规制下企业实施主动型环境战略的动因与阻力研究——基于重污染企业的问卷调查[J].资源开发与市场，2016（32）：151-156.

求。此外,通过创新、行业联盟的集体决议,在经济上尽力贴近排污税费、补贴、许可证、押金返还等形式的财政鼓励。在行业协会、企业自身发起的环保协议、承诺及计划方面,重污染企业将主动完善环境信息披露,争取环保认证、审计、获取生态标签、环境协议,从而节约成本、提高效率,降低外在市场压力。[1]

政府规制对企业环保投资的影响具有"门槛效应",重污染行业要比非重污染企业投入更大规模的环保资金。[2]部分学者针对影响重污染企业环保行为的因素进行了实证研究,结果表明,包括环境规制、市场结构、企业自身的治理结构、管理认知和财务状况都会对环保行为产生影响。而企业的经营时长、已有规模、内部和公众所施与的压力三方面对企业环保行为影响不明显。

在未来可预见的时间段内,对高污染、高排放企业的限制和环保投资要求,将长期持续,且逐渐增加。提前布局、跨越治污-盈利的瓶颈,能够提早对接政府环保意愿和自身发展需求,越能及早确立市场上的领先地位。

二、轻污染行业做好永续、环境友好型经营的必要环保投资

轻污染是相对重污染而言的。治污责任较轻、负担较小的企业,得益于其行业和产业特点,本身与外界的物质交换还不够频繁,索取自然界的资源还算有限。范围小、破坏程度小的环境污染可以通过自然界自身完成调节。但是当企业的规模日渐做大、做强,企业的经济活动对资源攫取的需求更加迫切之时,如何防范企业环境污染带来的连锁反应和蝴蝶效应,以及可能引起的生态失衡,就显得尤为重要。[3]如果治污防污不够及时,轻污染行业存在向重污染方面演进的恶化风险。

---

[1] 彭团围. 环境规制的综合理论研究[J]. 当代经济,2012(2):126-128.

[2] 唐国平. 环境管制、行业属性与企业环保投资[J]. 会计研究,2013(6):83-89.

[3] 章慧. 论企业生态伦理责任[J]. 玉溪师范学院学报,2006(10):18-23.

环境友好型的投资方式是与经营方式匹配的,即在企业管理的各环节都考虑环境保护这一重要方面,在供、产、销各阶段投入时,都充分考虑环保因素。在设计环节,充分考虑投入部分人力、物力去研发,通过改良技术和工艺,降低企业的环境影响。在此,已经不再是减少排污的目标在背后支撑。真正起作用的内在动力是绿色财政引导,绿色信贷鼓励,投资者、媒体、政府监管及客户的绿色消费在内的多种外界因素同时发挥作用,形成绿色经营决策。❶

轻度污染也属污染。根据要素禀赋理论,资源的丰富性能够提高企业生产的可能性,只要要素禀赋的优势高于相应的环境遵守成本,并能从大量的投入要素中获取收益,企业就可以接受严格的环境管制。当遵守环境保护的成本低于环境规制所带来的禀赋收益时,严格的环境管制就能激发企业的活动,并对企业投资决策产生正面的影响。❷

重污染行业之外的轻污染企业,自身也处在时刻转化为重污染企业的状态。以农村工业污染为例,部分散落在农村的工业企业,其从事的行业即便不属于常规意义上的重污染行业,但是它们作为污染源,与农田、农民居住地紧密交织融合,容易在农村局部地区引起环保问题,造成生态影响和社会纠纷。❸

轻污染行业具有潜在扩大排污风险。一是该类行业有可能因为整体生产的提高,扩大整体的排放。二是因为个体企业污染治理水平低于行业平均水平或是行业内企业的发展阶段尚未成熟。某一区域内同一行业的组成企业能否形成产业集聚,直接决定了其治污的出发点、治污的具体方式及最后的成效。随着规模经济的形成,原先排污量尚小的

❶李辰颖,等.企业环境友好型经营与利益相关者绿色决策行为关系研究[J].现代管理科学,2016(8):93-95.

❷唐国平.环境管制、行业属性与企业环保投资[J].会计研究,2013(6):83-89.

❸亚洲开发银行,安徽省财政厅.安徽省农村环境保护与环境研究[J].经济研究参考,2013(64):3-57.

"散兵游勇"结成了经济联合体,共同排污将使这个经济体排污总量增多。

集聚的产业影响环境污染具有显著的门槛特征,在产业集聚水平低于门槛值时,产业集聚将加剧我国环境污染,而在产业集聚水平高于门槛值时,产业集聚将有利于改善环境污染。

客观看待产业集聚在环境治污中的作用。在产业集聚水平发展过程中,应针对不同地区指定差异化政策。对于产业集聚水平较低的地区,应在采取措施提高产业集聚水平的同时,选择引进外商直接投资和更加严厉的环境规制等政策组合,以改善环境污染,避免"先污染再治理";在产业集聚水平较高的地区,积极鼓励产业科技创新,优化产业集聚方向,引导企业向高端研发与设计等高附加值产业集聚发展。❶

用好环境信息披露。利用信息披露优势。根据自愿信息披露理论,被披露的信息是对投资者利好的消息,认为好的环境效益能够减少后期环境投入成本。从而使环境效益持续见好的企业越来越多地愿意主动披露大量的环境信息。

三、一般性行业的必要环保投资

一般性行业指治污压力较低、排污数量较小,治污和盈利矛盾尚不凸显的这部分行业。以普通农户的环保投入为例,现代农业和传统农业相比,生产的目的已悄然转变,更注重产品的质量安全。清洁生产的技术,应用于现代农业,就是减少收获环节产生的植物根茎、叶、腐烂果实等无商品价值副产品因不合理处理而引起的环境污染。该类更为环保的新技术,比如堆肥化技术,与直接将残渣还田、生产沼气和饲料等处理方式相比,减少有害病菌传播、环境污染。但是,处理有机废料的技术需要投入资金建设堆沤池,涉及建设、原料、人工以及能耗方面的成本

---

❶杨仁发. 产业集聚能否改善中国环境污染[J]. 中国人口资源与环境,2015(2):23-29.

投入。❶

一般性行业有可能是由原来传统粗放型发展的企业转变而来。该"腾笼换鸟""吐故纳新"的转变过程,要求传统企业抛弃过去粗放式的经济增长方式,增加新材料、新技术、新设计等因素的引入。该过程的特殊性在于类公共产品性和投资效果显现的长期性。农户在进行环保投资时,产出收益与采用传统技术时并无大异。私人效益低于创造的社会效益。在该过程中,一般性行业企业获得相应的补助,是激励其继续投资、愿意持续支付所必需的重要因素。

一般性的行业在改革传统企业时,如对原生产力或生产系统大刀阔斧的改革时,会产生为数不小的伴生费用。而此类环保投资,因深层改革,造成周期过度延长,其收益产生需一段时间。故传统企业对环保活动的每次改革,都会认为是一种额外的成本支出。而高新技术产业由于在建设规划期就引入新技术、新能源,有可塑性,当面临环保治理时,投入成本会相对比较低,相应的管理层也容易接纳和偏向于环境保护的决策。

企业环境管理的具体内容和形式与企业的行业性质密切相关,如从事资源开采、加工制造等行业的企业环境管理与金融业、旅游业等服务性行业的企业环境管理会有很大差异。

高新技术企业❷中,企业为增加环境资源使用产生的未来效益及为降低污染投入的人力物力财力。上述的环保投资指标,显示出一家企业的环境绩效潜在水平。通过无污染或者轻污染工艺,在生产制造过程中,把控副产品的产生和再利用甚至市场流通。改进生产模式,创新生产技术。充分研究,改变过去的"原料—产品—废料"转而向"原料—产

❶周颖,等.蔬菜清洁生产技术补贴支付意愿影响因素研究——以蔬菜残体堆肥化技术应用调查为例[J].农业资源与环境学报,2016(5):201-208.

❷陈璇,Knut Bjorn Lindkvist.环境绩效与环境信息披露——基于高新技术企业与传统企业的比较[J].管理评论,2013(9):117-130.

品—剩余物—产品"的模式发展。❶

四、民族地区企业环保投资特点

区域层面的投资特点,属于空间异质性的范畴。《国家环境保护"十二五"规划》就明确指出,地方政府应该因地制宜,在不同的行业和地区之间实施有差别的环境政策。民族地区与东部发达地区在经济发展水平、资源禀赋、资源能耗的强度、环境的污染程度、环境容量和生态状况等方面都存在差异性。在环境条件、经济发展程度的特殊性的影响下,东西部之间在行业的环保标准方面差别较小,个性化不突显,而在具体地域内部政府的环境规制强度方面体现了明显的不同。这是形成民族地区企业环保投资特点的外部因素。

内部因素方面,民族地区企业并未通过承接东部地区产业转移而获得必要的产业集聚。宏观政策制定主体的初衷是在少数民族省区充分发挥企业环保投资作用,在区域内部形成多样的产业分布,使传统资源禀赋的潜在优势转化为现实的比较优势,跨越"资源诅咒"下的短期增长。只有每个企业切实参与民族地区产业结构由传统向现代转型升级的过程,才能使自身的发展模式现代化,即从过去的资源型的依赖(依靠引进东部的资本、技术、管理及品牌)向资源精深加工、技术自主研发、管理能力提升、自主品牌创新转变。❷

在组织扁平化的当今,企业管理层环保意识对于民族地区企业促进环保战略(环保投资导向)在企业内部从上至下的实施,作用更为明显。环保意识的培植到位,才使实施主动型环境投资战略成为可能。

此外,民族地区企业培育自身的专业技术人才(在企业内部从事环保管理论、实施的专业人才、固定岗位员工)和环保创新能力。人才的高

---

❶章慧. 论论企业生态伦理责任[J]. 玉溪师范学院学报,2006(10):18-23.

❷高煜,张雪凯. 政策冲击、产业集聚与产业升级——丝绸之路经济带建设与西部地区承接产业转移研究[J]. 经济问题,2016(1)1-7.

素质、人力资本的作用发挥,熟练操作设备,定期接受专业的培训。研发部门能够优化生产的流程工艺,可以改造、升级设备和管理软件。人才和能力可以消除该区域企业决定实施环保导向投资策略时的技术担忧。

在经济上,在原有的民族地区税收、财政优惠政策之外,设立环保优惠政策等其他形式的财政补贴(当地政府需要积极谋划,通过调研分析,制定调整适应当地各类企业发展特点的环保扶持策略)将增添企业实施环保投资策略的筹码。

系统优化,合理用能。只有民族地区企业形象随之而改善,增加市场竞争力,提供企业绿色环保声誉,才能实现可持续发展在民族地区结出硕果。

第二章　环保投资与企业效益的理论基础

第一节　环保投入影响企业效益的相关理论

关于企业的资本投入、投资组合对企业效益影响程度的研究,经济学上主要从投入—产出、经济外部性两条研究路径入手。相关的观点、理论、体系较为完备,实证的研究也广泛开展,属于经济学经典问题之一。

一、环保投入与经济增长

环保投入与经济增长是通过生产率这个中介相联系的。传统的经济学派认为环保投入属于生产之外的额外成本。该额外成本挤占了原先安排的生产性投资,使企业边际利润下降,导致市场竞争力受损。后经以波特为代表的修正学派引入了新观点,即在公共利益与私人成本间相互权衡。聚焦于环境规制,波特(Peter)和范德林德(Vanderlinde)[1]指出,设计恰当的环境标准能够促进创新,该过程中因遵守环保规章制度而产生的额外成本,企业可以通过取得政府的创新性补偿金来部分或全额抵补。

---

[1] Porter M E, Van der Linde C. Toward a new conception of the environment competitiveness relationship[J]. Journal Economy Perspect, 1995, 9(04): 97-118.

之后,学界又有不同的学者不断完善波特假说,扩大了其内涵及外延。其中,较弱版本的波特假说支持环境规制可促进企业环境方面的创新。较精准的版本指出,在规制的效率方面,较为灵活变通的政策体制要比既定不变的更为有效。较强版本的假说支持环境规制引起的创新,最终提升了公司的经济竞争力和商业绩效。

波特和范德林德❶分析了在现实中企业需要实现创新补偿的可行途径:首先,创新的同时兼有污染的产生。怎样科学合理高效地处置产出物污染,降低有害物质的排放量,是企业需要重点研讨的。研究探索如何完善产出物的多层级处理模式。此类创新的局限在于其对于如何减少处置生产中的污染成本,没有可靠或可行的办法。

其次,需要企业努力探索产品质量和生产工艺技术的改革与进步,在更高层面上,则要求企业从宏观层面关注生产所带来的环境影响,无论正反两面都需要积极关注,只有这样,企业才能获得创新补偿。如何改善产品质量? 可行的办法有:减少非必要包装、使用环保型的替代原材料或材料、提高回收利用率,等等。这样,在降低使用者处置成本的同时,也减少了企业对环境的负担。创新补偿的要旨是在生产过程中降低污染,并且使企业获取的资源生产效率更高。通过生产流程中环境监督和设备维护,有效减少停工时长,提高最终产量。通过积极探索使用替代原料和可再生资源,节约了原料成本。综合利用生产的副产品,在降低所用能耗的同时也节省了物料仓储成本。同时,企业也在生产的危险、特殊环节入手,探索更为有效稳妥的防护措施,为工人谋求更为安全、健康、可靠的工作环境。

在实际经营当中,创新补偿可带来两种优势:一是通过环保投资减少企业污染物的排放;二是激励企业的高新技术和环保技术创新。上文中的两种创新补偿是联动关系,也可以是竞合关系,更可以是同步关系。

---

❶Porter M E. America's Green Strategy[J]. Science American, 1991, 264(4):168.

一方面,环保技术从属于技术的大范畴。为全面提升技术水准,企业可以投资实行自主且独立的环保技术创新和绿色产品研究,也可以投资购买置办先进的技术型环保设备或装备。

另一方面,企业双头驱动环境管理与环保投资。企业的组织管理能力与运营营销协调能力的提高,最好的方式是配合企业的生产技术同步升级。现实生产和销售中,业务复杂度高、经营综合性强,因此需要重新构建或大幅度改造企业的生产、销售与服务过程。在此之中,必须要求企业的部门全部参与进来,更需要专业高效的领导团队不偏不倚地统筹协调。

综上所述,企业实施环保导向性投资策略,可将节能减排、防污治污的环保目标与企业技术水平提高的内在前提统一起来,不断改进技术效率,共同促进生产率的提高。❶

二、环保投入与经济外部性内部化

外部性(Externality)是重要的经济学概念。"外部经济"这一概念在1890年由马歇尔(Mashall)第一次提及,时至今日,其轮廓已经明晰。但最早的外部性研究则可以追溯到伟大的现代经济学之父亚当·斯密(Adam Smith),其对正外部性的部分特征已经有所见解,体现于对市场经济的"利他性"的论述。后期为使其轮廓更加明晰,庇古(Pigou)、科斯(Coase)等学者也从各自领域对外部性的理论做了完善。

经济外部性是经济主体(包括厂商或个人)的经济活动对他人和社会造成的非市场化的影响,由影响的效果可划分为正外部性和负外部性。正外部性是某个经济行为个体的活动使他人或社会受益,而受益者无须花费代价,如公共卫生、教育、通信等;负外部性是某个经济行为个体的活动使他人或社会受损,而造成外部不经济的人却没有为此承担成

---

❶陈琪.环境规制企业环保投资与企业价值[M].北京:经济科学出版社,2014:39-40.

本,如环境污染等。根据程启智[1]的定义:外部性是指市场中的某一经济主体不经交易,而对其他经济主体施加的收益或成本。

现在学术界主流的应对经济外部性的基础解决方法有两条。第一条的代表方法是"庇古税",是一种政策主张,通过对施害者征税来解决外部性问题。为实现帕累托最优化配置,"庇古税"学派主张政府的微观经济部门对经济的干预,让施害者的个人边际成本高于社会边际成本。第二条是以科斯为代表的主张产权明晰管理的学派,为达到用最有效且可行的方法解决负外部性问题,科斯(Coase)[2]主张运用协商的方式,应用产权的界定来明确外部性的实质,倘若社会经济活动中各主体的产权界限能够十分清晰,会使得交易费用为零,则各主体就可以在市场中基于自由意志展开贸易与会商。

规制经济学也称管制经济学,于1970年开始从西方经济学中分离出来,是对政府规制活动所进行的系统研究,是产业经济学的一个重要分支。规制经济学主张对于一些市场失灵的地方,通过政府规制来纠正市场失灵,实则是政府对市场的干预,是在法律之下,成立规制部门对行业及公司的活动进行干预。政策主张分为经济性和社会性规制两种类型,前者是政府对那些存在自然垄断、信息偏差的产业进行干预,防止资源配置的非效益化,针对某个具体产业[3];而社会性规制是以确保居民生命健康安全、防止公害和保护环境为目的所进行的规制,主要针对与对付经济活动中发生的外部性有关的政策[4]。社会性规制是近年来在各国逐渐施行的,主要通过设立相应标准、发放许可证、收取各种费用等方式进行。[5]

---

[1] 程启智. 内部性与外部性及其政府管制的产权分析[J]. 管理世界,2002(12):62-68.

[2] Coase R H. The Problem of Social Cost[J]. Journal of Law and Economics,1960(3):1-44.

[3] 唐若霓,植草益.《政府规制经济学》简介[J]. 经济社会体制比较,1992(2):44-49.

[4] 程启智. 内部性与外部性及其政府管制的产权分析[J]. 管理世界,2002(12)62-68.

[5] Coase R H. The Problem of Social Cost[J]. Journal of Law and Economics,1960(3):1-44.

政府规制用来治理外部性问题,是对市场的一种替代,具体分为直接规制和间接规制。直接规制就是强制性规定"可以作为"与"禁止作为"的边界,为使得企业的边际成本大于或等于社会边际成本,需要对强行违反强制性规定的行为予以严厉的经济处罚。间接规制是引导主体认识外部性并将其内部化,通过政府制定法律法规制度界定产权的行为。市场中的交易主体可以是双方,也可以是多方,其外部性是与产权的界定、监督、交换及执行的成本密切相关的,外部性内部化的方式是建立排他性的产权制度,通过正式法律法规制度的约束,交易主体明晰产权,减少或消灭了对交易形成的不合理预期,从而更加深入考虑交易主体利益的关系,逐渐减轻外部性问题。❶

三、环境规制与技术进步

环境规制是环保投资的外部促因,技术进步是企业效益提高的内在动力。要研究讨论企业环保投入与企业效益之间的关系,从环境规制与技术进步的相关理论入手,是必经之路。

技术进步可分为狭义范畴的技术进步和广义范畴的技术进步。狭义的技术进步具体表现为对过时生产工艺或设备的改造和对新兴工艺技术设备的引进与采用,主要是指生产工艺、中间投入品及制造技能等技术水平层面的革新和改进。❷广义的技术进步范畴更大,在涉及科技创新等"硬"技术进步因素的同时,也涵盖了管理创新和制度创新等"软"技术进步因素。❸广义的技术进步可分解为技术变动和技术效率变化两项要素。1957年,索洛(Solow)开创性地在柯布—道格拉斯生产函数中引

---

❶何立胜,杨志强. 内部性·外部性·政府规制[J]. 经济评论,2006(1):141-146.

❷李玲,陶锋. 中国制造业最优环境规制强度的选择——基于绿色全要素生产率的视角[J]. 中国工业经济,2012(5)70-82.

❸董锋等. 产业机构、技术进步、对外开放程度与单位GDP能耗——基于省级面板数据和协整方法[J]. 管理学报,2012(4)603-610.

入了技术中性、规模报酬不变等假设,随即将扣除劳动及资本投入后的经济增长余值,即全要素生产率(Total Factor Productivity,TFP)称为技术进步,于是新古典的经济增长核算有了应用工具。学界近年来普遍使用全要素增长率来度量广义的技术进步。在实证研究中,全要素生产率的增长即等同于广义上的技术进步。

20世纪50年代,诺贝尔经济学奖获得者罗伯特·索洛(Robert Merton Solow)提出了具有规模报酬不变特性的总量生产函数和增长方程,形成了现在通常所说的生产率(全要素生产率)含义,并把它归结为是由技术进步而产生的。[1]全要素生产率的增长包含两个要素共同作用。一是技术水平变动,主要是指新产品、新技术的发明和应用。二是技术效率变化,包括管理创新、制度创新及规模效益带来的效率提升。

研究环境规制与技术进步的关系即可转变为研究环境规制与全要素生产率之间的关系。技术创新将技术进步与生产率的提高联系在一起。熊彼特指出,技术创新是生产体系引入一种从未有过的生产要素组合,比如改进现有的或创造新产品,以至生产过程和服务方式的整体改进,即企业通过创造性的破坏,达到技术创新,从而实现转型。

在环境规制的强度和技术进步的关系上,研究表明[2]呈现"U"形变化特征。企业技术上的创新用于生产技术的整体效率提升或用于治污控污,提高生产过程的减排水平、提高污染治理水平。可以看到,后者的提高将无法有效提高企业生产技术的水平。当环境规制较弱,企业违法成本较低时,为了获得短期较高的利润率,往往会调整安排原先计划用于创新生产技术的资金,或是分配部分企业利润用于治理污染。这部分内部投资的项目转移,必定挤占生产技术创新的计划投入,从而放缓生产技术研发进度,降低预先可达的研发水平。

[1]涂正革,肖耿.中国工业增长模式的转变——大中型企业劳动生产率的非参数生产前沿动态分析[J].管理世界,2006(10):57–67.

[2]张成,等.环境规制强度和生产技术进步[J].经济研究,2011(2):113–124.

环保投入的不充分,最终还是会导致长期被动治污的成本过高。这部分被动分配的资金,经济效益与环保效益也不够凸显,在治理污染技术方面的创新型投资又被企业拉高,从而降低长期生产技术的研发力度和可达水平。同时,政府的环境规制力度会逐渐向拐点临界值靠近,部分无法满足严格规制要求的企业会被淘汰,市场集中度同步提高,使得坚挺下来的企业,在获得较强市场竞争力的同时,更加重视技术创新。

在治污防污技术创新存在边际绩效递减的情况下,企业在外部资金缺口无法及时填补的状态下,只能依托生产技术研发,优先提升企业整体的生产率、产出,既而获取利润,分配后续的治污环节使用,以此不断满足政府日益严格的规制要求。带来的结果是,随着环境规制强度的增加,被迫治污的企业实现了生产技术水平的快速提高,在制度的持续约束下,企业的经营管理策略无疑是在努力左右平衡治污和生产方式(技艺)创新性投入的天平,其结果定会引导企业生产技术(工艺)的发展与创新,同政府环节规制的法规制度在政策强度的比较范围上,实现了"U"形的发展轨迹。

为实现环境和谐与经济发展的共同目标,必须选择符合产业特征、适合产业节能减排远景的环境规制强度,只有这样才能在现实中推动技术创新与发展和效率提升与革新。

第二节　环境规制、环保投资与企业效益

一、环境规制与企业效益的主流研究及其研究局限

政府规制在西方经济学中与宏观经济政策并列,共同构成政府调节经济的重要形式。宏观经济政策更倾向于应对短期经济总量上的失衡,而政府规制解决的多是市场失灵问题,追求的是长期持续性的经济

绩效。[1]

衡量企业效益有多个方面,产生经济效益和环境效益都是重要评价因素。谈及经济效益,必然涉及产出,具体延展为企业对社会施加的影响、自身力行的环保行为,以及其环保义务的履行情况。

(一)已有的经济学分析

谈及环境规制就无法回避从公共利益或利益集团的角度去展开经济学分析。从已有传统规制的逻辑推演过程看,无论是公共利益规制理论(市场失灵导致现实市场不是最优,政府的规制可以增进社会整体福利)还是利益集团规制理论(通过比较引入政府规制前后市场交易绩效的不同,判断规制导致市场扭曲),其分析基础都是静态的新古典主义。相关研究都力图从纯静态的均衡模型中,在形式上找到某种规制政策的最优解。[2]

目前,环境规制的具体实践主要由社会性规制理论指导。自20世纪70年代发展至今,社会性规制理论已聚焦于外部性可能发生及信息不对称的主体活动的各方面。治理市场失灵成为社会性规制的首要动因,即更注重在政府层面的横向制约机制方面开展研究。

在研究环境规制和企业效益的关系方面,学界主要关注规制的三种影响方式:第一种是通过环境规制给企业以压力,进而使企业有动力去开展环保领域的技术创新,因为若不创新就无法满足政府要求,影响企业生存能力;第二种是将企业违反环境规制的惩罚标准设置到高于治理环境污染的成本时,通过环境规制给企业以压力,进而使企业选择遵守规制,因为违法风险代价高,企业会自觉进行环保投资,甚至有超额投资;第三种是通过环保部门定期对企业进行检查,并将企业污染治理状

[1]张红凤,杨慧.政府微观规制理论及实践[J].光明日报,2014-04-22.

[2]张红凤,杨慧.规制经济学沿革的内在逻辑及发展方向[J].中国社会科学,2011(6):56-66.

况及达标情况公之于众,使不达标企业受公众舆论影响,使其他企业受公众社会监督,从而提高企业环保意识。❶

在波特(Peter)假说提出之前,基于美国企业数据的早期研究多支持:较高的环境规制反倒会引起企业层面生产率的降低。新古典经济学的分析也支持:严格的规制对企业生产率和竞争力产生负效应。波特假说的出现,革新了新古典经济学模型静态的分析方法。后期支持该假说的实证分析研究都表明:规制的强度与企业效率之间存在正相关。❷

尽管波特(Peter)假说很吸引人,但它也引起了理论上的一些争议:为什么环境规制对于企业应用一种新的增收创新策略而言是必需的,这一点并不很清楚。以下理论观点解决了该争议,即市场失灵的出现、行为或组织上的局限阻碍了企业的全面认知,至少阻碍了其充分利用环保实践提高潜在增收的可能。

波特(Peter)假说是基于动态分析的框架提出的。在此框架内,投入、产出、能力提升是随内、外部环境,以及相关条件的变化而动态调整。外部较为恰当的竞争优势来自于企业自主发展与提升创新能力,而由外发起的环境规制恰好是激发企业内部创新行为的良药。随着时间向后不断推演,环境规制的主体、方式及强度也在不断的发展变化之中。企业的硬件与软件条件相对于现实会因为对过去的路径产生依赖等原因有过时感,即使企业的核心能力能延续刚性,企业的优势也会消失。动态的环境规制会具有随时间的改变而改变的能力,因此也具有通过连续的调整、深化、重构以改变企业的能力,使企业在快速发展的时代中能良好地适应规制变化,在很大程度上帮助企业开展环境战略转型和取得持

---

❶曲如晓.环保:提升国际竞争力的重要手段[J].商业研究,2002(10):84-85.

❷于文超.官员政绩诉求、环境规制与企业生产效率——理论分析和中国经验证据[D].成都:西南财经大学,2013.

续优势发展。❶

（二）环境规制与企业效益研究局限

第一，从研究范围来看，在以往所做的关于中国企业环保或绿色投入方面的研究，多数为效益增长的因素分析、要素份额分析。而针对环境规制严格的环境政策背景，环保投入的增加对企业自身效益的影响究竟有多大，在该方面缺乏进一步的实证研究。

第二，从数据来源方面来看，多来自官方省级层面的截面数据，或者是上市公司的财报数据，涉及微观层面企业的样本数量较少，数据也稍显陈旧。对于近两年来，中国环保投资企业的效益究竟发生了怎样的变化，还缺乏大量的样本和企业经营管理的"微细胞"数据来支撑结果可信赖、反映问题及时、论证完备系统的实证研究。

二、环境规制分型：命令控制型、市场激励型及自愿型

环境规制的分型随其定义的演进、准确化，内涵的深化而不断发展。从规制主体政府运用对抗性的立法程序而非毫无约束力的市场力量，到逐渐接受的环境税、补贴、可交易排放权等经济工具的引入，环境规制的概念进一步完善；再到后来，诸如生态标签、环境听证、环保认证等政策工具的推介与应用，也充实并发展了规制的定义。环境规制的类型也根据所要达到的经济发展与环境保护共赢的目标不同，分为出台、宣贯、监督相关政策措施的实施，得以调节经济活动主体行为与通过约束禁止、禁止的手段对排污进行管理两方面。

环境规制有正式及非正式的区分。在正式规制中，根据对经济主体排污行为采取的不同约束方式，可简单划分为命令控制型和以市场为基

---

❶胡元林.环境规制下企业环境战略转型的过程机制研究——基于动态能力视角[J].科技管理研究,2015(3):220-224.

础的激励型规制。[1]命令控制型着重强调立法机构、行政机构通过颁布出台法律法规、部门规章,对环境规制的相关目标和标准予以确认,并通过行政指令、命令、责任落实等方式借助有关行政部门敦促企业遵守。依靠市场激励的规制手段,则是积极运用市场信号,不依靠条条框框来约束市场主体的抉择,不强行设置明确的排污水平。当下热烈讨论的产业政策之争就涉及这一方面,政府往往综合应用直接或间接方式施压,做到"因势利导",促使规制对象将环保责任与意识内化于心,外化于行,将政府的环保要求和建设生态文明的远景融进自身的经营决策中去。[2]

　　不断引入环境规制框架体系的方法、工具,倡导和实施具体规制的主体也在发生重要变化,详细变化情况见表2-1。不断创新和调整的环境规制分类及其特点也同样适用于环境规制工具在中国的演进过程。[3]

表2-1　规制工具演进过程及其特点

时间段	1970年以前	1972年OECD颁布"污染者付费原则"后	1990年以后
分型	命令—控制性	市场激励性	自愿性规制
规制主体	政府	产业协会、企业	
工具	禁令、非市场转让性许可制	环境税、排污税费、使用者税费、产品税费、补贴、押金退款、经济刺激	生态标签、环境认证、自愿协议

[1]张嫚.环境规制约束下的企业行为[M].北京:经济科学出版社,2006:20-60.

[2]于文超.官员政绩诉求、环境规制与企业生产效率——理论分析和中国经验证据[D].成都:西南财经大学,2013.

[3]赵玉民,朱方明,贺立龙.环境管制的界定、分类和演进研究[J].中国人口资源与环境,2009(6):85-90.

续表

时间段	1970年以前	1972年OECD颁布"污染者付费原则"后	1990年以后
特点	污染企业没有选择权,被迫机械遵守规章及制度。但环境业绩提升较为迅速	借助信号引导企业排污,激励排污者降低排污水平,使社会整体的污染水平可控、不断优化	建立在企业自愿参与实施的基础上,一般不具有强制力。企业、行业、政府采取双边或多边协议
劣势	命令控制型规制运行成本较高,企业技术创新的激励程度较低	市场体系不健全时,排污税、补贴、可交易排污许可证很难有效发挥作用	改善环境效果的总量不确定

除了上述划型,从环境战略视角去划分,还有服从型环境规制与自愿型环境规制,第一种是企业仅仅按照规章制度法律法规开展并完成要求内容中的环境行为,第二种是企业不单单按约定完成规章制度法律法规中的内容,并且自主减少自身行为对环境的影响。换言之,企业的环保意识表现明显。Aragon-Correa 和 Sharma[1]在动态变化、自然资源观与权变能力三个维度进行竞合,又分离视角,指出企业如果采取主动的、先动型的环境战略思维进行管理,以此维持必备的动态能力。虽然其能力受到企业现实所能调动和所拥有的资源和能力的范围的限定,但企业依旧可通过这种动态方式来适应外部性自然环境的变化,提升自己的竞争

---

[1]Aragon-Correa J A, Sharma, S A contingent resource-based view of proactive corporate environmental strategy[J]. Academy of Management Review, 2003, 28(1):71-88.

优势。这就是企业先动型环境战略的理论框架。

表2-2　我国环境规制手段的演进❶

行政命令	技术手段、技术标准直接限制排污量	1973年8月,颁布《工业"三废"排放试行标准》 1983年11月,颁布《中华人民共和国环境保护标准管理办法》
经济激励为主	排污费(税)	1979年,《中华人民共和国环境保护法(试行)》的出台明确排污费(税)制度,国务院规定在全国范围内试行征收排污费的制度,对征收标准、资金来源以及使用做了具体规定
经济鼓励逐渐取代行政命令	排污费(税)制度逐渐取代原有行政命令方式,成为环境规制措施中最为主要的手段	2002年1月,国务院第54次常务会议通过《排污费征收使用管理办法》,此后四部委通过《排污费征收标准管理办法》 财政部、环保总局公布《排污费资金收缴使用管理办法》
排污权交易等新兴的规制手段	排污权交易处于萌芽和起步阶段在环境规制中不占主流,发挥有限作用	最早试点在1987年,围绕上海周边的水资源。 1999年,在二氧化硫领域,以南通和本溪为典型进行尝试,2002年扩围到山东等四省二市 21世纪,国家层面颁布《二氧化硫排污许可证管理办法》《二氧化硫排放权交易管理办法》

三、环境规制与企业环保导向的投资策略

环保导向的投资策略是融入产业活动的个体和产业活动本身的。环境规制发挥其投资策略上的引导作用也是通过微观个体和行业整体两个角度。

在波特假说的框架下,开展环境规制、环境保护、创新和企业竞争力之间关系的实证研究有很多。

---

❶高明.法经济学视角下的环境规制问题研究[J].绿色经济,2011(12):46-50.

仍有广泛和分散的因素影响着环保导向投资进一步推广和应用。除了不同种类规制产生的异质性作用,同样应注意到环保投入同样有可能被其他非规制性的因素所驱动。尤其是在弱规制的研究框架内部,相关的研究表明,其他的关键性决定因素经常出现在涉及企业内生及盈利策略方面。[1]

非关键性的决定因素带来绝对收益。我们经常可以体会到的就是企业社会责任与企业的商业绩效目标相结合。这其实就是所谓前瞻性的环境战略。[2]在日常工作中,企业制定的前瞻性的环境战略能促使员工不断积累与环保有关的专业技能,储备相关知识。员工在兑现自身环境承诺的过程,也正是企业履行社会责任、提高环境管理能力、形成绿色组织文化的过程。

从改变企业内部的绿色智力资本的角度,Stewart[3]定义其为"可为企业带来企业价值增值的集体性知识、组织学习和能力的总和"。在环境规制的背景下,前瞻性的环保投资能够增强顾客与投资者满意程度,使基于绿色发展、环境保护与可持续发展的长期绿色合作进一步稳步,夯实与绿色合作伙伴,包括绿色原材料、绿色产品供销商的合作关系。

人力资本投资。智力资本的丰富提高吸收能力。首先将吸收能力引入环境保护战略的是 Cohen 和 Levinthal[4],将环境规制的相关要求等外

[1] Ghisetti C, Quatraro F. Beyond inducement in climate change: does environmental performance spur environmental technologies? A regional analysis of cross sectoral differences [J]. Ecol., Econ. 2013 (96):99–113.

[2] Sharma S, Vredenburg H. Proactive corporate environmental strategy and the development of competitively valuable organizational capabilities [J]. Strategic Management Journal, 1998, 19(8):729–753.

[3] Stewart T A. Your company's most valuable asset: Intellectual capital [J]. Fortune, 1994, 130 (7):68–74.

[4] Cohen W M, Levinthal D A. Absorptive capacity: A new perspective on learning and innovation [J]. Academy of Management Journal, 1998, 41(5):556–567.

部知识充分吸收、评价、同化,转化为自身商业目的的能力称为吸收能力。吸收能力进而融入创新理论中去,知识的吸收、应用及有效流动,增强了企业关于环境问题的知识储备,提升了企业绿色创新的效率。

综上所述,吸收能力之所以可以促进绿色创新绩效,在于企业员工、人力资本因企业文化和组织上的承诺而得到内置型增长,核心能力得以提升。外界的新知识和业内的新经验得以在企业内部探索、转化和持续开发,最终消化、整合及利用了环境规制要求下的创新知识。❶

第三节　环保投资与企业效益

一、环保投资与结合环保目的的企业投资策略

环保投资可能旨在降低成本也有可能是增收。关于增长收入方面,该类投资在增收方面,可能会使企业进入特定的市场,使其产品与其他产品区分开来。甚至可以进行销售企业内部较为先进、成熟的环境技术,比如污染控制。在降低成本方面,环保投资能够减少企业可能面临的环境诉讼、罚金及降低与企业外界的利益相关方产生的成本。比如政府组织、产业协会、非营利组织、银行业、媒体、环保组织、环保协会、商会,等等。

更进一步,践行环保实践能直接降低材料成本及能源消耗、资本(减少使用伦理上的共同基金)及劳动力(增强员工的忠诚度及兑现承诺的程度)。通过这种方式,环保投资能够以更高的生产效率或生产率的形式,提升经济效益。

实证文献在验证是否"环保是值得的"已经超越了环保实践经济效应的分析范畴。这种效率的提高并不源自环境规制。绿色投资不仅仅

---

❶潘楚林,田虹.前瞻型环境战略对企业绿色创新绩效的影响研究[J].财经论丛,2016(7):85-93.

单纯地源自外界的环境规制,或是由于其他某单项因素驱动。企业投入环保应是一系列宽泛而相关的动机而引致的。其中应包括规制及其他的以营利为目的的投资策略。

相应的环保投入也应该涵盖无形资产和管理上的具体做法,比如环境管理计划(Environmental Management Schemes)。管理时间可以附带性的同时提高企业的生产率及环境绩效表现,类似于能源效率。[1]

焦点在于有形技术(机器和设备)投资策略所发挥的作用,旨在减少生产对环境的影响。聚焦于绿色有形资产投资策略最终将使我们认识到固定资产账户环保技术改变所带来的效率作用。[2]它不应仅被孤立地看作是独立于其他商业及生产性策略,而应视为是整体投资组合的一部分,[3]与其他制造技术的投资策略相联系。[4]

环保投资与企业实现绿色转型是同时进行的。转型需要利润来做支撑,我国的企业特别是民族地区的企业利润空间都非常小,在转型的同时必须要恢复利润的增长。按照陈春花关于企业转型构成的要素的研究路径,明确战略意图,实现价值重构和短期盈利,整合外部资源,发展新的业务。对于企业原有的主营业务,不是采取"休克式"的革命方式去售卖、去终结,而是在保留中创新,实现存量资产的激活。在实现增量成长的方面,企业的环保技术占领制高点后,得到技术支撑,就可以着力重构企业相关的组织平台和组织平台。

[1]Bloom N,Genakos C,Martin R. Modern management: good for the environment or just hot air?[J]. Eco.J.,2010,120(544)):551-572.

[2]Hulten C R. Growth accounting when technical change is embodied in capital[R]. National Bureau of Economic Research Working Paper Series 3971,1992.

[3]Porter M E,Van der Linde C. Toward a new conception of the environment competitiveness relationship[J]. Journal Economy Perspect,1995,9(4):97-118.

[4]Klassen R D. Exploring the linkage between investment in manufacturing and environmentaltechnologies[J]. Int. J. Oper. Prod. Manag,2000,20(2):127-147.

结合环保目标的或是环保导向型的企业投资策略,是符合企业投资行为一些基本属性的。

第一,表现在利己本性基础之上的自立性投资。环保目的投资涵盖技术研发、产品生产及设备更换。上述投资都会增加企业的投资经营管理上面的费用支出。相应的企业成本取决于高层管理人员对环保举措的行为偏好,以及对环保投资收益的高度理解。

第二,在环保投资的成本方面,除了设备、研发,以及服务购买等形式的支出,推进企业的各部门、各环节积极推行技改,在人力、财力上都会遭遇阻力。这种观念、技术上的革新都需要企业付出较大的投资成本。

第三,在基本动因方面,根据波特假说,企业环保行为必然引起其生产流程和技术的全面升级,从而降低企业运行的可变成本,提升其在市场中差异化比较下的竞争力。同时,超越短期技改带来的收入瓶颈后,环保投资推动的流程和工艺的完善,在长期来看能够降低企业运行成本。此外,追求产品本身具有的环保属性的消费者人群也在日益形成,顾客的偏好也将支持企业不断完善环保投入。[1]因为,环保正日益成为一种消费理念、时代风尚,并创造新的市场需求。比如 CROCS 休闲鞋的厂商就标榜自己生产过程低碳排放,原材料也属废旧利新,重复使用。在近几年吸引不少年轻人蜂拥购买。

此外,面对大众越来越强的环境维权意识,企业也肩负着越来越重的治污责任。为了在承接淘汰产能的过程中,防范发生例如厦门 PX 等环境事件,企业在经营管理中也在逐步提升其社会效益,履行其应尽责任。

---

[1] Bloom N, Genakos C. Martin R. Modern management: good for the environment or just hot air? [J]. Eco. J, 2010, 120(544): 551-572.

二、企业通过创新补偿获得环保先动优势

环境规制引发创新补偿(Innovation Offsets)。谈及创新补偿就必然要涉及其发生的环节。在 Michael Porter 于《国家竞争优势》一书中首次提出以"创新"来分析国际竞争力的动态框架之前,传统的观点往往基于环保投入与经济增长之间的静态关系,其前提假设往往是产品产、销、运的过程中,产品的技术、加工及产品性能和消费者偏好等条件都是既定不变的。若考虑前后的关系,企业之前已按照成本最小化的原则设计、部署并安排了其经营管理的全过程。后期在环境规制的要求下,企业投入环保,通过这种静态框架去测算衡量环保投入与市场竞争结果,必然得到产品平均成本上升和市场份额下降的结论。

污染是尚未成熟的或处于中间状态的技术和管理方法的产物,污染本身就意味着存在创新的空间,也同时反映了企业生产、经营的效率存在提升空间。排污的过程,比如排放物的物流、存储及安全处置,分销及销售末端产生的商品包装污染,很难与高效的生产有关系。企业掌握环保信息不够充分,忽视了环保科技的新发展,固守原有的经营惯性,忽视内部控制的重要性。

在环境规制的诱导下,创新补偿不仅仅局限于在治污上有足够丰富的应对经验和方法上的提高。这方面的创新大体上还是聚焦于降低环境规制的适应成本,具体体现在减少和控制有毒原料、有毒物质的产生,提高二次处理的能力。

创新补偿之所以能提高企业竞争力,带来发展上的新优势。关键在于通过产品补偿(Product Offsets)和加工过程的补偿(Process Offsets)改进产品及相关工艺。产品补偿是指通过研发使产品性能和质量符合环境方面严苛或超前的规制标准,促进产品的循环利用价值不断提升(简化包装、设计;注重各零部件的拆卸、分解、重复使用;回收和后续提取利用更加便捷)。在加工过程中提高加工产出的效率,缩短环保设备检修造

成的停工期,对副产品做到更好的利用,降低生产能耗。❶

　　环境规制带来环保标准的推陈出新,抓住该种机遇无疑是企业在应对经济下行压力时可以攫取到的发展契机。拥有敏锐洞察力的企业往往会积极争取该机会,率先获得先动优势。这种优势同时意味着企业能够主动接受并引进技术上的创新,并不考虑应付规制的压力。通过生产新产品来实现市场渗透,在市场上占领先机,有效阻止竞争对手进入本行业。

　　企业环境管理战略一定程度反映了可支配资源的丰裕程度,如利益有关主体之间的地位与联系、企业的科学技术水准、管理能力、污染的预防处理方式方法、持续创新能力等等。在企业的绿色转型前期,企业的成本会由于缺乏资金、专业技术而始终维持在较高的水平,使得企业无法独立解决环保投入造成的财务绩效和企业效益的下滑,从而使得企业处于弱势,缺乏竞争力,自生能力不足,实施环保导向型的投资策略将受到困扰。

　　在发展后期,由于掌握了环境管理的相关意识、技术和能力,企业就会成为首批实现绿色转型的企业。审时度势之后,企业为了占领先机,会采用主动性环境战略,主动研发高新环境污染治理和控制技术、产品及设备,并根据环境规制提高排污标准,最终促进整个行业的标准化升级完成,力推行业内部规制建设,从而率先跻身行业发展的主导,获得竞争优势。❷

三、企业环保投资策略的决策动因与实施动因

　　胡元林、康炫对重污染行业企业的问卷调查显示在阻碍企业实施环保投资的因素方面,当期的环保投入与后期效益产生的滞后性、不确定

---

❶傅京燕.论环境管制与产业国际竞争力的协调[J].财贸研究,2004(2):31-36.

❷胡元林,康炫.环境规制下企业实施主动型环境战略的动因与阻力研究——基于重污染企业的问卷调查[J].资源开发与市场,2016(32):151-156.

性,常常引起企业的环保机会主义行为。

决策动因由以下几方面组成:一是法律法规的威权和强制力对企业形成的约束力和要求推动企业形成这样的决策。二是自发形成的从企业管理层贯穿到每个员工的环保意识。三是企业已然拥有了环保生产适配的资源、技术和专业能力;环境战略实行前所有的技术方面的担心与不足,可以通过专业技术人才的培养与引进、创新能力的培训来弥补和消除。

在战略顺利实施后,持续其进一步投入的环境战略实行前,所有的技术方面的担心与不足,可以通过专业技术人才的培养与引进、创新能力的培训来弥补和消除。或是扎根于企业已然形成培育起来的绿色发展理念,为企业绿色生产提供源源不断的思想保障。

企业在制定环保战略时会尽最大可能将经济发展与环境保护兼顾,同时思考环境政策对企业的利害关系及未来的影响。[1]若环境政策的执行强度不够严格,优惠政策相对匮乏,都会使企业的战略实施激励减弱,在政治谈判等方面寻求突破,寻找漏洞和政策空子。

因此,防范企业污染外部化,或者防止其将污染转嫁给社会,企业实施环保投入还需要环境规制的进一步加强,杜绝钻空子的企业"劣币驱逐良币",为诚心诚意愿意投资环保、投资绿色的企业去营造一个公平有秩序的竞争市场和盈利机会,鼓励和提倡适者生存的环境约束体制,构建完善环保有关方面能促进绿色生产、有利于绿色产业的政策环境。

根据胡元林、康炫对182家重污染企业在职人员开展的关于企业环保投资的阻力和动因调查结果显示,影响企业投资决策从而主动实施环保战略,首要的决定性因素是环境规制(各类法律法规)的权威性和强制力对企业形成的约束力。其次是企业内部通过从上至下的宣传,促成了管理层携企业全体成员环保意识的形成,为企业实施主动性的环保策略

---

[1]戴璐,孙茂竹.战略导向供应链绩效评价中的管理会计思维[J].中国会计报,2014-12-26(9).

提供了必要前提。

最后,技术人才和创新能力的持续注入,能够减轻企业环保投入的风险担忧。环保优惠政策也从政策收益方面保障、激发了企业方面的投资热情。在持续动因即实施动因方面,经胡元林等人的调研,一旦企业主动开展了环境战略后,支持企业持续实施主动性环保投资战略的动力是环保优惠政策,其次是在市场上供给可持续的服务和产品来占有竞争优势。国家层面在环境规制上的不断加压,无疑是企业启动环保投资,常识性投资的最初决策动因。

具体的环保主动性投资策略的特征参考变量、策略的实质内容,以及对应的反应性(非主动型)策略内容详见表2-3。与传统的反应型策略相比,早已将环境品质的提升和改善作为自己核心竞争力提高的重要方式之一的企业,且其对于较高环境保护标准有极强的耐受力。对于这一类的企业,可以直接通过市场机制的引导,如排污税费、使用者税费、产品税费、可交易的排污许可证补贴、押金返还等转移支付的手段引导企业的排污行为。增强环境规制的激励程度是其关键,可以缓解甚至消除企业的环境战略所考虑的阻力,是企业开展主动性环境战略的真正诱导因素。

表2-3　企业环保投资主动型及反应型策略的区别

特征参量	主动型策略	反应型策略
政府管制规范	自愿性遵守	以服从为主
能源环境问题对企业的重要性	影响企业长久生存	对企业并不关键
对环保投资的认识	竞争优势来源	增加企业负担
绿色管理范围	产品整个生命周期	生产与末端治理
企业文化	重视低碳文化建设	不重视低碳发展文化

特征参量	主动型策略	反应型策略
绿色质量管理体系	针对产品、工作和管理质量	主要针对产品质量

本章主要介绍环保投资与企业效益的相关理论基础、环保投资与其他类别的投资存在的异同。第一节以生产率为重要媒介，从环保投入发挥创新补偿作用，以及在经济外部性内部化过程中发挥间接效应入手，分析了环境规制作为投资的外部促因，影响技术进步和效率改进的传导机理和作用机制。第二节环境规制与企业效益，理清了社会性规制、企业动态能力等概念的发展逻辑，同时也探讨了效益研究目前所面临的问题；在定义、列举规制分类基础上，构建吸收能力与绿色创新效应的分析框架。第三节着重将环保投资纳入环保导向目的的投资策略，为后续章节展开关于民族地区企业环保投资的讨论提供参考和理论依据，建立创新补偿、环境管理、动因分析等多层次的分析范式。

第三章　概念模型和理论假设

第一节　相关概念界定

目前,环境规制、环保投资、经济效益这一条研究主线的文献很多,本书的研究要与其他研究政府的环保投资行为作区分。鉴于投资的主体不同,投资的资金来源构成和最终投入的部门都不尽相同。本书研究的企业层面的环保投资,是企业环保投资与其经济效益之间的传导关系。从图3-1可以看到:在发展前期,政府通过出台环境规制的配套制度,健全监控,强化监控力度,是从外部要求、督促企业采用先进技术或实施技术改造,以此避免或减少污染及能耗问题。政府层面的公共财政用于环保方面,本身也起着示范引领作用。这种内外部约束的结合,鼓励企业不断将环保投入的成本内部化,实现工业技术等方面的升级,达到经济效益和生态效益的双丰收。❶

---

❶原毅军,孔繁彬.中国地方财政环保支出、企业环保投资与工业技术升级[J].中国软科学,2015(5):139-148.

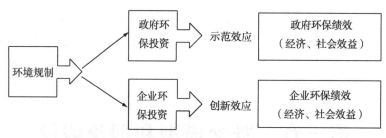

图3-1 由环境规制引起的政府和企业环保投资

一、环保导向的投资策略

环保导向的投资策略与一般性的投资策略应予以区分。企业实施环保导向的投资策略,带来的环境和社会效益较为显现,环境绩效的提高也是立竿见影的。但经济绩效往往在时间表现上具有滞后性,货币化困难,可度量程度较低。[1]

环保导向的投资策略向传统的经营理念注入了可持续发展等方面的思想,实现组织和战略上的创新,在原有的利己导向之上,赋予了利他性的社会生态关怀。倡导环保导向经营理念,最初属于附属社会责任的范畴。后期它的内涵不断丰富,融合了环保思想公司策略,对企业行为和社会贡献都产生了重要影响。[2]

讨论企业环保投资对其环境和经济效益发挥的影响,是与我们经常研究的政府环保投资相区别的。分析政府环保投资的直接及间接效应,主要从环境保护这一类财政支付的科目而言来评价环保政策的实施效果。直接效应指环境保护支出直接作用于污染治理带来的政策效应。间接效应指环保支出通过政策的导向效用,引导非政府投资的目标、规模和构造,主要的手段有税收、补贴、折旧。

讨论企业层面环保投资产生的直接和间接效应,应与环境规制与企

---

[1]叶丽娟.环保投资对区域经济增长影响的差异研究[D].广州:暨南大学,2011(10).

[2]孙剑.企业环保导向、环保策略与绩效关系研究——来自武汉城市圈"两型社会"建设实验区的调查[J].管理学报,2012(6):927-935.

业技术创新间的效应关系联系起来。技术创新是环保投资通过企业效益发挥作用,带来企业经营业绩提升的重要指标和表现(见图3-2)。

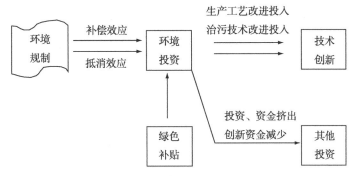

图3-2　规制、投资、创新效应作用机制

二、环保投资的直接效应

直接效应方面,企业在严格执行环境规制措施的前提下,通过不断改良污染治理的技术,在生产工艺等方面进行革新,提高生产率水平。由此,企业环保投资直接效应可分解为二。一是获得了控制污染水平产生的"治污技术进步效应"。二是由于技术革新,能力提升,减缓或消除了规制为企业经营带来的负面影响,获得了"创新补偿效应"。❶

三、环保投资的间接效应

企业环保投资对其经济效益的间接效应,多体现于社会环境责任的履行方面。经过分散的企业提升其资源利用效能,全力构建资源节约型、环境友好型社会。作为声誉的前导变量,企业履行好社会责任将有利于与其利益相关方,在企业价值观上达成共识。此外,好的声誉对企

---

❶蒋伏心,王竹君,白俊红.环境规制对技术创新影响的双重效应——基于江苏制造业动态面板数据的实证研究[J].中国工业经济,2013(7):44-55.

业经济绩效提升、对赢得顾客对服务和产品的信心,培育提高顾客忠诚度,从而在市场竞争中获得价格优势,提高财务绩效。❶

第二节 环保投资影响企业效益的内在机制研究

一、不同行业企业环保投资效益

不同的行业因为产品的不同,其收入和环保投资之间的关系,不尽相同。特别是对于生产生产资料的企业而言,其减少生产过程排污的尝试与其产品未来平均销售增长率的关系,以及其经营中是否存在"以污染换取增长"的问题,都是需集中探讨的。

以农资企业的微观数据为例,张宁宁、张艳磊采用农资生产型企业被征收排污费的具体情况来衡量其环境污染的程度,用企业年平均销售增长率衡量业绩表现。实证发现,类似于农资生产型企业被征收排污费占销售收入的比重越高,其未来的销售增长率也会越高。❷

以农资为例,生产资料型企业的生产普遍伴随着大气污染、水和重金属污染,固体废弃物污染。环保的规制若无法从原料和产品两端通过市场价格的调节作用完成经济外部性内部化的政策要求,这类企业的环保投资将很难见实效。作为反季节蔬菜种植的重要原料,塑料薄膜广泛使用。由于近年来农业补贴政策较为优惠,农资产品价格受到政府干预,使得农药、化肥、塑料薄膜等农业生产资料广泛使用,因其废弃导致

---

❶陈石.企业两型化发展的影响因素及与企业绩效关系研究[D].长沙:中南大学,2013:108.

❷张宁宁,张艳磊.中国农资生产企业中是否存在"以污染换取增长"现象?[J].中国人口资源与环境,2016(5):39-45.

的农业面源性污染也愈发严重。

农业生产资料的制造行业大多属于重污染行业,比如化学原料及化学制品制造业产出涵盖肥料和农药制造业,塑料薄膜制造属于塑料制品业。但是农资产品市场本身属于生产要素市场,通过市场价格的调节,应能实现企业在生产环节投入的成本(如采用新的生产技术,淘汰现有设备,购置更为环保清洁的生产设备,员工技术培训)通过市场价格传导到产品,使得企业通过提高环保品质较高的产品价格获得销售收入上的比较优势。

政府鼓励企业所从事的环保,防范和解决的是生态环境问题,生态环境并不是单纯的公共产品,而是准公共产品。这一性质决定了生态环境供给依托于市场经济发挥作用,有效地运用市场自身的竞争、高效等特征,从而保证生态产品供给,同时弥补政府失灵。❶但是,当前中国政府对农资产品进行补贴,扭曲了该类市场的价格体系和定价规则。一方面,限制价格维持了企业较高的销售量,削弱了投资环保热情。高额的技术改造成本无法通过市场化的方式得以补偿。另一方面,政府按照排污量计征的排污费,无法真正促进企业节能减污。在农资产品市场并不萎靡的条件下,继续扩大生产仍然能够提高企业销售量。在销售有保证的前提之下,为了弥补缴纳排污费所带来的成本,企业只得加速生产,用排污、低环保品质的产品来补偿,即"以污染换取增长"。

二、不同区域企业环保投资效益

讨论区域视野内的企业环保投资,要综合考虑区域和产业的配套关系。抛开区域内部的产业发展特点,单纯分析区域因素影响企业环保投资的经济效益,是不准确的。研究民族地区区内环保投资对企业绩效的影响就要考虑资源型产业转型的趋势。

---

❶田发允,刘养卉,姜波.国外生态型政府构建的经验及其对我国的启示[J].北京邮电大学学报(社会科学版),2015(2):81–87.

以丝绸之路经济带省区(陕西、甘肃、青海、宁夏、新疆、重庆、四川、云南、广西)为例,在宏观层面,民族区域环保投入对其经济增长的贡献效果并未彻底展现。整体的环保投资大气候尚未形成,政府层面的环保投资对当地就业水平和产业高级化的拉动作用还比较弱。大气和水污染的防治、能耗和固体废弃物的控制并没有得到明显的改善。2004—2011年,国家层面对基础设施建设等方面的环保投入较多,促成了民族地区工业实力显著增强,但同时也造成了区域内企业不断向产业价值链的中低端扎堆。GDP的增长也随之过分依赖能源的消耗。

对企业个体而言,基于上市公司的研究,在投资规模上,企业环保投资具有明显的地区性差异,多体现在中部与非中部地区之间,高市场化进程与非高市场化进程地区之间。

三、不同规模企业环保投资效益

企业规模决定了环保这一部分日常投资的用途和效益评价,影响了环保方面一系列公司举措。规模的扩大意味着企业更具能力去掌握投资的机遇,以及开展多元化的投资。唐国平等研究不同规模的上市公司企业,规模与环保投资之间的关系。研究界定资本存量的方式是观测年末企业的资产、年末和年初总资产平均数,以及当年的营业收入。企业所投入的环保投资,其用环保投入的规模与当年资本总存量作比较。同时,他也对比了环保投资的规模与总投资规模。在上市企业层面,环保投入的总量与营业收入、总投资额、总资产的比值都很低,与企业规模并无关系。中位数远远高于环保投入规模均值,说明绝大多数的企业,无论企业规模大小,其环保投资规模都比较低。❶

---

❶唐国平,李龙会. 企业环保投资结构及其分布特征研究——来自A股上市公司2008—2011年的经验证据[J]. 审计与经济研究,2013(4):94-103.

第三节 理论推导与假设

一、环保投资、企业环保效益及经济效益

环保资金适当投入加强其环保绩效。从环保投资的资金来源来看，主要有企业自筹、政府补贴两部分。政府补贴主要以排污费补贴与税费优惠为主。环保投资与环保效益及企业经济效益具有较大关系。企业环保投资作为对环境恢复与建设的资本投资，必然会带来一定的环保效益，然而也会影响企业最终的经济效益。

由环境绩效走向经济绩效，要经过组织能力这一中介，见图3-3。

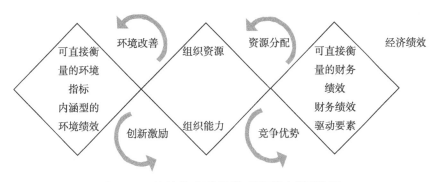

图3-3 环境绩效、经济绩效、组织能力循环作用

二者间存在闭环的影响关系。谈及环境绩效，应从狭义和广义两个层面去理解。狭义定义是以现有的环保标准予以衡量，并通过一定的指标进行度量的具体表现。它着重反映了企业生产对自然环境的影响，借助考察企业环境合法性的排污量等数据。广义的环境绩效是指企业通过不断完善在资源利用、污染防治、生态干预方面的综合效率，体现出的环保行为对其组织能力的影响。在图3-3展现的驱动过程中，可量化的狭义环境绩效受环境规制的驱动，而广义性质的环境绩效更能体现在经

营中企业自发的环保意愿。❶

用组织能力作为企业环境绩效和经济绩效的桥梁,原因在于正是企业在长期经营发展过程中,为适应外部变化不断塑造组织技巧、资源及功能,逐步培育形成的组织能力,进而得到经济绩效这一最终报酬。❷组织能力概括的是企业配置其拥有所有权的一切资产、资源(无形、有形)的能力,从而达到经营目的和完成生产任务。它在环保投资发挥作用的过程中,更多地体现于将环境绩效因素(选取原材料、设计产品、生产营销、污染物处置)与传统的企业组织能力(创新性解决问题、质量管理、激励、研发、成本控制)相结合,不断推动企业市场机制的飞跃。

环境问题受到关注时,企业面临改善环境绩效的压力,环保投资应用于提升绩效指标的举措上。随着可衡量环境绩效的优化,排放量符合环保标准。

二、环保投资从成本角度直接影响经济效益

从成本角度看,环保投资影响经济效益的方面有费用挤占、短期、长期效应三种形式。由于企业异质性的存在,不同企业即使涉足相同行业,也会具有不同的经济成本,从而导致运作效率差异,在环境绩效和经济绩效等方面引起企业级别的差异。

在获得良好的环境表现的同时,仍然保持较高的销售增长率。原因之一是实现了"可持续发展",即通过更新设备降低排污时,使污染物变废为宝,实现企业增收。原因之二是"以污染换取增长"的模式。工业企业延迟更新自身设备,或使用廉价设备获取成本优势,实现增收。以往研究表明,企业排污主要受生产工艺和技术影响,延缓更新速度或使用

---

❶杨东宁,周长辉.企业环境绩效与经济绩效的动态关系模型[J].中国工业经济,2004(4)43-50.

❷Teece D J, Pisano G, Shuen A. Dynastic Capabilities and Strategic Management [J]. Strategic Management Journal, 1997(7):35-370.

相对廉价、相对落后的高污染设备,企业就能获得生产成本上的优势,在市场上通过低价竞争策略实现较快的销售增长。❶

环保投资的资金来源问题,以及资金的构成,也是从成本角度来分析企业用自有资金购买治污减排设备、改造工艺流程、对员工开展环保培训,从而促成生产的污染排放达标。在缺少额外投资的情况下,这些环保的投资就挤占了技术革新和质量改进方面,即产生了"挤出效应"。在企业自己承担规制带来的治污成本时,相当于企业的生产决策被施加了新的条件约束,同步也迫使企业缩小了其生产决策集,从而导致管理和生产经营的难度更大。❷

三、环保导向型投资策略、生产率提升及企业效益

价值关联,企业将环保可持续的价值观嵌入自身的经营理念中。从学理上分析,环保导向型的投资与企业绩效有三种盛行的理论,分别是纯粹自利的(零利他性)环保导向、互惠利他型(双边利他性)环保导向以及纯粹利他的环保导向。环境规制的进一步加强,使得法律法规制定的环保指标量化程度更强,环保导向的经营理念逐渐形成,环保问题由纯外部性因素转变内部的可控因素。❸

从环保行为对企业自身组织能力(Organizational Capability)的影响入手,是促进和改善企业环境绩效的内部驱动力。影响企业适用环保导向投资策略的因素是很分散也很广泛的。除了要考虑外界多种规制所发挥的异质性作用之外,也许对某些企业而言,环保投资策略仅是被非环

---

❶张艳磊,秦芳,吴昱."可持续发展"还是"以污染换增长"——基于中国工业企业销售增长模式的分析[J].中国工业经济,2015(2):89-101.

❷彭冬冬,杨德彬,苏理梅.环境规制对出口产品质量升级的差异化影响——来自中国企业微观数据的证据[J].现代经济,2016(8):15-27.

❸孙剑.企业环保导向、环保策略与绩效关系研究——来自武汉城市圈"两型社会"建设实验区的调查[J].管理学报,2012(6):927-935.

境规制的因素所驱动的。[1]但本书的研究着重探讨被一系列广泛及相关联的动机所引致的环保投资。环保导向的根源包括外部环境规制的要求,同时也兼有企业盈利的策略在内。我们的研究聚焦在无形资产和管理实践方面,例如企业通过环保设备后期的维护费用,或治理、运维费用等方面,这些方面的投资对企业销售收入增长有促进作用。

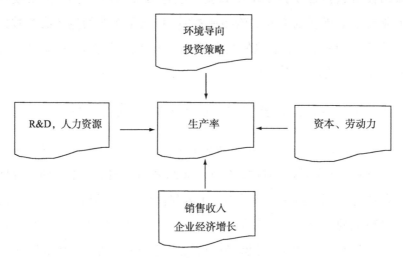

图3-4　联系环保导向投资策略、生产率和销售收入的结构模型

图 3-4 提供了本书研究所用模型的图形说明,我们汲取了部分"Green CDM Model"[2][3]的关键元素。上半部分描述环保导向投资策略和生产率之间的关系。生产率是这样计算的,以资本和劳动力、研发、人力资本等为主要投入源,生产率作为调整后的生产函数的一项剩余。下半

[1] Rennings K, Rammer C. The impact of regulation-driven environmental innovation on innovation success and firm performance[J]. Ind. Innov., 2011, 18(3): 255-283.

[2] Crépon B, Duguet E. Mairesse J. Research, innovation, and productivity: aneconometric analysis at the firm level[J]. Econ. Innov. New Technol., 1998, 7(02): 115-158.

[3] Marin G. Dose innovations harm productivity growth through crowding out? Results of an extended CDM model for Italy[J]. Res. Policy, 2014, 43(2): 301-317.

部分描述的是生产力(例如公司异质性)与销售收入之间的联系。本书考虑了两种环保导向投资策略可能影响企业销售收入的路径❶。其一,环保导向投资策略可能直接影响企业销售的承诺。环保信号由环保导向有形投资中的承诺产生。环保信号在企业渗入、开拓新市场方面扮演了重要作用。一个明显的实例就是,出口环保相关的技术和设施到某个高环境规制的国家时,环保方面的承诺是必需的。其二,环保导向投资策略并不直接影响企业销售,而是先引致了更高的生产率。通过引致的生产率,可以帮助企业克服与组织活动相关的沉没成本,刺激销售的强度和可能性。本书设定了基于环保投资的假设,用以解释企业异质性与企业竞争力方面的联系。

---

❶ Van Leeuwen G, Mohnen P. Revisiting the Porter hypothesis: an empirical analysis of green innovation for the Netherlands[R]. UNU-MERIT Working Paper, 2013-002.

第四章　研究区域概况及数据、模型介绍

第一节　研究区域概况

少数民族八省区包括内蒙古自治区、宁夏回族自治区、新疆维吾尔自治区、西藏自治区和广西壮族自治区五大少数民族自治区及少数民族分布集中的贵州、云南和青海三省。

一、自然区位概况

少数民族八省区幅员辽阔,土地总面积达到567万平方公里,约占我国土地总面积的60%。❶根据国家统计局相关数据,截至2015年年底,少数民族八省区总人口为1.95亿人,约占全国总人口的14.19%(见表4-1)。

表4-1　民族地区人口统计情况

（单位:万人）

民族地区	2015年	2014年	2013年	2012年
内蒙古自治区	2511	2505	2498	2490
广西壮族自治区	4796	4754	4719	4682
贵州省	3530	3508	3502	3484

❶吴开松,张雄.民族八省区城镇化发展质量研究[J].中国人口资源与环境,2016(6)148-154.

民族地区	2015 年	2014 年	2013 年	2012 年
云南省	4742	4714	4687	4659
西藏自治区	324	318	312	308
青海省	588	583	578	573
宁夏回族自治区	668	662	654	647
新疆维吾尔自治区	2360	2298	2264	2233
全国	137462	136782	136072	135404

数据来源:国家统计局网站 http://data.stats.gov.cn/easyquery.htm?cn=C01

在区位条件和自然资源方面,八省区符合中国各少数民族社会经济活动区位的基本特征。例如,拥有亚洲最长的陆上边境线,是中国联系世界的陆上门户。但民族地区同时背靠亚洲贫困带,经济社会发展的地缘环境较恶劣。远离世界、亚洲和国内经济中心,可达性差。❶

民族地区的自然资源优势较为明显,仅贵州就拥有重晶石、锑、铝土、金、锰、煤、磷为代表的 123 种矿,已勘探有储量的高达 76 种,其中不乏水泥原料等优势矿产。❷同时,贵州特殊的气候条件、复杂的地质条件为多种药用动植物的生长及繁衍提供了有利条件,为中药材产业的发展奠定了坚实基础。

又如,内蒙古能源矿产资源丰富,而且品种齐全,为其发展相应的资源密集型产业创造了先决条件。区内已勘探密集锑、铋、钴、镍、钼、锡、钨、锌、铅、铜等多种有色金属矿藏,该类资源分布较广,储量充足,用于后续开发的条件也很优厚。除此以外,据区国土资源厅资料记载,内蒙

---

❶刘永佶.中国少数民族经济学[M].北京:中国经济出版社,2010:111.

❷贵州省国土资源厅.关于发布实施《贵州省矿产资源总体规划(2008-2015 年)》的通知(2012-12-11)[2019-08-26].http://www.gzgtzy.gov.cn/Html/2012/12/11/20121211_101535_24482.html.

古自治区的整体煤炭存储量居我国之首,高达7016亿吨。❶

第二节 民族地区经济发展现况

各省区对全国GDP的贡献情况:民族八省区中,内蒙古自治区、广西壮族自治区和云南省GDP贡献居前三位,而西藏自治区GDP贡献则倒数第一,2015年GDP值全国占比不足0.15%。另外,2012—2015年八省区GDP值均呈现递增趋势。其中,贵州省和西藏自治区的GDP环比增长速度最快,云南省和广西壮族自治区排列第三位和第四位。贵州省连续三年的GDP环比增长率为18.01%、14.56%、13.34%,西藏自治区连续三年的GDP环比增长率为16.35%、12.89%、11.46%。具体情况见表4-2。

表4-2 民族地区GDP(地区生产总值)

单位:亿元

民族地区	2015年	2014年	2013年	2012年
内蒙古自治区	17831.51	17770.19	16916.5	15880.58
广西壮族自治区	16803.12	15672.89	14449.9	13035.1
贵州省	10502.56	9266.39	8086.86	6852.2
云南省	13619.17	12814.59	11832.31	10309.47
西藏自治区	1026.39	920.83	815.67	701.03
青海省	2417.05	2303.32	2122.06	1893.54
宁夏回族自治区	2911.77	2752.1	2577.57	2341.29
新疆维吾尔自治区	9324.8	9273.46	8443.84	7505.31
全国	685505.8	643974	595244.4	540367.4

数据来源:国家统计局网站 http://data.stats.gov.cn/easyquery.htm?cn=C01

---

❶内蒙古自治区国土资源厅.内蒙古矿产资源总体规划(2001年至2010年)(2011-11-03)
[2016-08-26]. http://www.mlr.gov.cn/kczygl/kcgh/201111/t20111103_1020985.htm.

第一、二、三产业对各省区 GDP 增加值的贡献程度具体如下。

第一产业方面,从全国的趋势看,2012—2015 年,第一产业对 GDP 增加值的贡献程度是逐年下降的。整体而言,少数民族八省区第一产业贡献程度的变化方向基本符合上述趋势。其中,从均值上看,贵州(106.875)、新疆(106.425)更加贴近全国的平均水平(107.475),但贵州在2012—2013 年出现过短暂反弹。与全国水平相比,西藏(103.775)、内蒙古(104.2)、广西(104.375)第一产业的贡献值有着较为显著的下降,与其他省区(贡献率均值为 105.2875)相比,存在明显的空间差异性。八省区由于各自发展水平和资源禀赋条件的差异,呈现了民族地区内部省际农业增长动力机制上的分化特征。[1]具体数据见表 4-3。

表4-3　民族地区第一产业增加值指数(上年=100)

民族地区	2015 年	2014 年	2013 年	2012 年	均值
内蒙古自治区	103.0	103.1	105.1	105.6	104.2
广西壮族自治区	103.9	103.9	104.1	105.6	104.4
贵州省	106.5	106.6	105.8	108.6	106.9
云南省	105.9	106.2	106.8	106.7	106.4
西藏自治区	103.7	104.2	103.8	103.4	103.8
青海省	105.1	105.2	105.3	105.2	105.2
宁夏回族自治区	104.6	105.5	104.3	105.8	105.0
新疆维吾尔自治区	105.9	105.9	106.9	107.0	106.4
全国	106.9	107.3	107.8	107.9	107.5

注:民族地区第一产业贡献 4 年均值为 105.2875

数据来源:国家统计局网站 http://data.stats.gov.cn/easyquery.htm? cn=C01

第二产业方面,整体而言,少数民族八省区第二产业对 GDP 增长的

---

[1]高帆.我国区域农业全要素生产率的演变趋势与影响因素——基于省际面板数据的实证分析[J].数量经济技术经济研究,2015(5):3-19.

贡献率均高于同期的全国平均增加值水平。如表4-4所示,西藏的第二产业对经济的拉动作用仍然很明显,增加值在2014—2015年、2012—2013年两段区间内都对经济增长产生了较为明显的作用。经历了经济扩张期后,少数民族省份重新重工业化的趋势较为显著,资源型行业集聚的第二产业仍然具有一定的优势,重化工业发展仍具有一定的基础。在第二产业对区域经济增长的贡献率表现上,各省区内部相对差距不大,工业化的整体发展步伐仍在加快。

表4-4　民族地区第二产业增加值指数(上年=100)

民族地区	2015年	2014年	2013年	2012年	均值
内蒙古自治区	108.0	109.0	110.8	113.3	110.3
广西壮族自治区	108.2	110.1	111.6	114.2	111.0
贵州省	111.4	112.3	114.1	116.8	113.7
云南省	108.6	109.1	112.5	116.7	111.7
西藏自治区	115.7	114.6	120.0	114.4	116.1
青海省	108.4	110.0	112.3	114.1	111.2
宁夏回族自治区	108.5	109.2	112.5	113.8	111.0
新疆维吾尔自治区	107.3	111.2	112.5	113.7	111.1
全国	106.9	107.3	107.8	107.9	107.5

数据来源:国家统计局网站 http://data.stats.gov.cn/easyquery.htm?cn=C01

　　第三产业方面,和其他民族省区相比,贵州和新疆的增长贡献率要高于其他省区,逐渐地减少对第二产业的过分依赖(见表4-5)。

表4-5:民族地区第三产业增加值指数(上年=100)

民族地区	2015年	2014年	2013年	2012年	均值
内蒙古自治区	108.1	106.8	107.1	110	108
广西壮族自治区	109.6	108.1	110.9	109.8	109.6

民族地区	2015年	2014年	2013年	2012年	均值
贵州省	111.1	110.4	112.5	112.1	111.525
云南省	109.6	107.4	113.5	110.9	110.35
西藏自治区	108.9	109.5	108.8	112	109.8
青海省	108.6	108.8	109.8	111.1	109.575
宁夏回族自治区	107.9	106.9	107.5	109.7	108
新疆维吾尔自治区	112.2	110.4	110.9	112.3	111.45
全国	106.9	107.3	107.8	107.9	107.475

数据来源：国家统计局网站 http://data.stats.gov.cn/easyquery.htm?cn=C01

第三节　民族地区产业布局特点

一个地区能够吸引外资投入,或是在国家整体性的重要发展战略布局中占有重要地位,无疑是对其产业特点极大认可。因此,本书从各省区吸引外资投资的产业构成上,大致可以观察到省区内部各自实施的产业发展政策的偏重。根据民族地区在"一带一路"战略中的地位界定、开放体系的发展特点等方面,大致可以看出省区内部行业特点,因为产业布局特点也紧密结合了地缘区位优势。同时,本书将民族地区的自然、地理、资源等优势与产业发展按省区进行归类和综合。具体情况如下。

（一）产业集中及产业布局特点

1. 贵州

据贵州省统计局初步核算,贵州2016年全省GDP达到11734.43亿元,与2015年环比增幅为10.5%,这一增幅位于我国省区排列靠前位置,高于全国6.7%的增长速度,高出均值3.8%,足见其发展强势。经济总量上,贵州第一产业增加值1846.54亿元,较上年增长6%;第二产业增加值为4636.74亿元,较上年增加11.1%;第三产业较上年增长11.5%,增长值为5251.15亿元。基于三次产业的经济增长贡献,贵州省经济总量占全国的1.58%,比2015年升高0.05%。人均GDP为3.3127万元,年度增幅0.33万元。❶

工业经济方面,根据2016年度数据,计算机、通信和其他电子设备制造业等12个行业保持两位数增长(见表4-6)。

表4-6　贵州全省规模以上工业增加值(重点行业统计,2016年度)

指标名称	绝对数(亿元)	比上年增长 (%)	占规模以上工业 增加值比重(%)
规模以上工业增加值	4032.11	9.9	100.0
煤炭开采和洗选业	675.30	-0.9	16.7
非金属矿采选业	109.28	24.6	2.7
酒、饮料和精制茶制造业	815.09	12.8	20.2
烟草制品业	281.58	-8.9	7.0
化学原料和化学制品制造业	178.76	12.8	4.4
医药制造业	126.57	12.3	3.1
非金属矿物制品业	316.75	18.3	7.9
黑色金属冶炼和压延加工业	78.80	2.2	2.0
有色金属冶炼和压延加工业	182.96	12.0	4.5
计算机、通信和 其他电子设备制造业	93.38	66.6	2.3
电力、热力生产和供应业	421.85	9.7	10.5
汽车制造业	68.28	38.4	1.7

数据来源:国家统计局网站 http://data.stats.gov.cn/easyquery.htm?cn=C01

---

❶贵州省统计局国家统计局贵州调查总队."十三五"旗开得胜新征程首战告捷——贵州省2016年主要统计数据新闻发布稿(2016-08-29)[2017-01-22]. http://www.gz.stats.gov.cn/tjsj_35719/tjfx_35729/201701/t20170122_1859908.html.

根据外资在广西各产业的投资比例,平新乔研究表明,外资投资针对贵州的资源优势,以及选择如水泥制造业、医药产业和医药商业、火力发电业、金矿采选等优势产业。[1]新兴产业投资迅猛增长,分具体行业说明,科研和技术商务服务业,增幅为47.5%,投资额达到42.23亿元;生物制药业,增幅为26.1%,投资额27.45亿元;租赁和商务服务业增幅70.2%,投资额为192.35。上述三行业分别高于全省投资平均水平的26.4%、5%及49.1%。高技术产业尤其明显,增速高于全省水平35.6%,增幅56.7%(同比),产业投资总额为249.74亿元。[2]

2. 新疆

新疆是丝绸之路经济带核心区,是国家大型油气加工和储备基地,大型煤炭煤电煤化工基地,大型风电基地。以新疆为中心,应积极发挥其资源和产业优势,打造"通道+基地"的能源供给保障系统。目前正在积极建设包括塔里木、准格尔、吐哈三大油气生产基地及独山子、乌鲁木齐、克拉玛依等千万吨大型炼化基地,哈密、准东等9个千万千瓦级煤电基地。统筹发展煤制天然气、煤制油;有序开发疆内9大流域水能建设。

但目前,新疆经济的主导产业仍然是第二产业,而工业部门特别是以资源开采、选洗业为代表的重化工业比重稍高,使得高污染、高能耗的产业比重仍然较大。在当前中国整体的低碳转型期,上述行业都属低利润率、高污染的淘汰产能行业。同一时期,相对污染较轻的第三产业和服务业在产业比重中仍然较低,产品竞争力也较弱,产业间的关联度不

---

[1]平新乔. 中国少数民族地区的开放特征:解析三个省、五个自治区[J]. 区域经济,2014(1):69-86.

[2]贵州省统计局国家统计局贵州调查总队."十三五"旗开得胜新征程首战告捷——贵州省2016年主要统计数据新闻发布稿(2016-08-29)[2017-01-22]. http://www.gz.stats.gov.cn/tjsj_35719/tjfx_35729/201701/t20170122_1859908.html.

强,对新疆产业的拉动效应较弱。❶

3.　内蒙古

内蒙古能源矿产资源丰度较大,品种较全。已勘探查明锑、铋、钴、镍、钼、锡、铜、钨、铅、锌等有色金属矿产资源储量丰富,区位集中。其中白云鄂博的稀土矿床以其世界总储量38%的优势占据全球最大稀土矿床称号。此外,煤炭资源已为人所熟知,总体储备高达7016亿吨,仍居我国首位。❷

4.　宁夏

结合宁夏的资源禀赋及地理位置与吴忠城区等地独特的穆斯林文化优势,着眼于打造内陆开放型经济实验区和"一带一路"倡议支点,宁夏产业布局立足于发挥传统优势、提升产业结构、配合对阿贸易发展等战略目标,提出打造五大产业集群:西部最具特色的现代农业产业集群、现代能源化工产业集群、承接产业转移的新兴产业集群、全球知名的清真食品和穆斯林用品产业集群、与向西开放战略相匹配的现代服务业集群。❸另一方面,宁夏重点推行有机、绿色、无公害及具有地理保护标志的农产品,形成了一系列特色优势农产品和畜牧产品。从前"塞上江南"的称号被赋予了环保绿色的内涵。一家国家级的有机食品生产基地在区内落户。截至2015年,共孵化形成无公害认证农产品422项。其中,种植业享有316项,畜牧业享有83项,分别占行业的比重为74.8%及14.7%,上述指标均高于全国有机认证的平均水平。特别是畜牧业,高出

---

❶张凤丽.资源环境约束下新疆产业转型路径研究[D].石河子:石河子大学,2016:79.

❷内蒙古自治区国土资源厅:《内蒙古矿产资源总体规划(2001年至2010年)[OL].(2011-11-03)[2016-08-26].http://www.mlr.gov.cn/kczygl/kcgh/201111/t20111103_1020985.htm.

❸赵翊.宁夏空间发展战略与产业升级、贸易优化的协调发展研究[J].商业经济研究,2016(9):205-207.

全国水平的比例高达5%以上。❶

　　根据宁夏统计局最新发布数据，2016年，该区实现地区生产总值3150.06亿元（现价），按可比价格计算，同比增长8.1%，增速比一季度、上半年和前三季度分别加快1.2、0.2和0.1个百分点，比全国高1.4个百分点，居全国第9位。分产业看，第一产业增幅为4.5%，增加值为239.96亿元；第二产业增幅为7.8%，增加值为1475.51亿元；第三产业增幅达到9.1%，增加值为1434.59亿元。

　　从区内的主导产业看，煤炭产业增加值增长18.3%、电力下降6.9%、化工增长10.3%、冶金下降0.9%、有色金属增长3.0%、轻纺增长14.0%、机械增长0.5%、建材下降0.8%、医药增长29.2%、其他工业行业增长15.7%。主要工业产品产量保持增长。其中，乳制品产量增长19.7%、化学药品原药增长28.1%、橡胶轮胎外胎增长1.06倍、水泥增长12.6%、滚动轴承增长14.2%、工业自动调节仪表与控制系统增长16.2%、电工仪器仪表增长42.9%。

　　在经济结构调整方面，宁夏全区煤炭、钢铁行业圆满完成去产能任务，煤炭产量下降11.2%、粗钢下降12.4%、钢材下降18.2%。2016年11月末，全区规模以上工业企业产成品存货下降4.8%。短板领域投资增势良好，全区农林牧渔投资增长23.0%，交通运输邮政业投资增长39.3%，信息传输和信息技术服务业投资增长35.0%，科研与技术服务业投资增幅为60.7%，水利及环境、公共设施管理方面的投资增长29.1%。

　　经济结构调整积极推进。2016年，全区第三产业比重达到45.6%，与2015年相比提高1.2%。轻工业占规模以上工业增加值的比重为19.3%，比上年同期提高1.4个百分点。高耗能工业比重从2015年末的52.6%下降至51.6%。风电、太阳能等清洁能源发电量占工业发电量的比重从上年同期的10.5%提高到15.5%。大众创业、万众创新扎实推进，全区新登

---

❶宁夏回族自治区统计局.2016年全区经济实现"十三五"良好开局[EB/OL].（206-09-01）[2017-01-23].http://www.nxtj.gov.cn/nxtjjxbww/tjxx/201701/t20170123_73582.html.

记企业3.18万户、个体工商户6.4万户。节能降耗成效突出。全区单位地区生产总值能耗同比下降4.3%。❶

5. 青海

受到经济下行压力的影响,青海省经济增速明显放缓,增加值增速由2010年的24.89%下降到2014年的9.52%,相对于全国经济形势,青海基本维持较快较稳的发展态势。2014年,全省GDP为2301.12亿元,人均GDP为39442元,第一产业发展较为缓慢,第二、三产业迅速发展。其中第二产业增加值达到1232.11亿元,成为青海经济发展的支柱产业,形成了以资源依托为优势,以重工业为主、轻工业为辅的门类齐全的工业体系。❷

"十二五"以来,抓牢特色轻工、建材产业、盐湖加工等青海传统优势产业,打造高端装备制造、新材料、新能源制造等新兴行业、节能绿色以及信息技术新业态,将传统资源、地理和产业优势与新业态融合;构建绿色发展体系,实现经济和生态效益双赢。青海锂资源储量居全国首位,是锂资源大省,近年来已打造规模超千亿的锂电产业。

6. 广西

根据广西发布的2016年度统计数据,全区国民生产总值达到1.82万亿元,在经济新常态背景下,较2015年仍然增长7.3%。第一、二、三产业对全区经济增长的贡献率分别为7.2%、47.0%和45.8%。第一产业较去年增幅为3.4%,增加值达2798.61亿元。第二产业,较去年增幅度为7.4%,增加值达8219.86亿元。第三产业较上一年度增幅为8.6%,增加值为7226.60亿元

从产业上拆解以上的三产贡献情况,40大类工业行业增长面达到

---

❶宁夏回族自治区统计局.2016年全区经济实现"十三五"良好开局[[EB/OL].(2016-09-01)[2017-01-23].http://www.nxtj.gov.cn/nxtjjxbww/tjxx/201701/t20170123_73582.html.

❷李振国.丝绸之路经济带背景下青海产业结构演变分析[J].忻州师范学院学报,2016(4):25-33.

90%以上,即有36个行业实现经济年度增长。在增长面上,电气制造、有色金属加工、非金属矿物加工等制造业的发展较为明显。具体而言,有色金属冶炼和压延加工业经济增长了15.9%,电气机械和器材制造业增长了15.6%,非金属矿物制品业增幅达到14.4%,木材加工和木竹藤棕草制品业也保持了11.4%的增长速度,计算机通信和其他电子设备制造业紧追其后,增长11.3%,汽车制造业增长7.1%,黑色金属冶炼压延加工增长6.1%,化学原料和化学制品制造业增幅为6.0%,农副食品加工业增幅为4.5%。[1]

广西壮族自治区,区内矿产资源丰富,可为以矿产资源为主要投入要素的行业提供夯实的基础,所以传统的有色金属冶炼和压延加工行业都有较快发展,专业化程度也较高。但是,近十年来,这种专业化程度的排名,广西从2003年的地区内第三位下滑至2013年的第八位。[2]

7. 西藏

进入21世纪后,西藏政府贯彻"中国特色、西藏特点"发展道路,工业发展更加注重自身特色,注重发挥比较优势和自我发展能力培养,逐步形成了具有西藏特点的现代特色工业体系。具体包括优势矿产业、建材业、民族手工业、藏医药业、农畜产品加工业、高原特色生物和绿色食品业、水电能源等富有西藏特点的工业,同时立足资源优势,打造了一批具有较高知名度的高原特色产业品牌,建设青稞、牦牛、绒山羊等农村产品加工基地。[3]

根据2015年的统计资料,当年西藏全区国内生产总值为1026.39亿元,经济比2014年增长11.0%,人均地区生产总值增幅8.9%,达到31999

---

[1] 广西壮族自治区统计局、国家统计局广西调查总队. 2016年广西经济运行缓中趋稳 稳中向好[EQ/BL]. http://www.gxtj.gov.cn/fzlm/zdgz/201701/t20170122_129769.html.

[2] 侯一明. 环境规制对中国工业集聚的影响研究[J]. 吉林:吉林大学,2016.

[3] 李国政. 以生态文明理念推动西藏现代工业发展[J]. 重庆:重庆文理学院学报(社会科学版)》,2015(5):100-104.

元。第一产业增幅3.9%,增加值为96.89亿元;第二产业增幅15.7%,产业增加值376.19亿元;第三产业增幅8.9%,产业增加值553.31亿元。

8. 云南

从表4-3至表4-5可以看出,在产业产值的增加贡献方面,第二、三产业是经济发展的主要推手,是云南发展的主导产业。第三产业的增速和贡献程度更加明显。这都是云南"十五""十一五""十二五"承接下来的绿色发展成果,绿色经济、民族特色文化成为云南西南桥头堡战略目标的主要内容,经过经济结构和发展方式的加速调整与转变,云南第二产业发展方式的转变和服务业持续性创新性发展得以实现,产业结构逐步优化升级。●

根据2016年最新的统计数据,云南当年的国内生产总值1.49万亿元,增幅达到8.7%。第一产业增幅达到5.6%,经济增加值达到2195.04亿元;第二产业增幅达8.9%,增加值完成了5799.34亿元;第三产业增幅为9.5%,经济增加值为6875.57亿元。2016年云南三次产业结构比重为14.8∶39.0∶46.2,较2015年的三次产业结构15.1∶39.8∶45.1有所优化,第三产业比重较2015年提升1.1个百分点。

工业经济运行方面,采矿业增长较快,制造业拉动明显;烟草工业下滑,非烟工业快速增长;工业生产保持稳定,主要行业增势良好。在重点监测的十个非烟主要行业中,除黑色金属冶炼和压延加工业增加值增速同比下降外,其他九个行业增加值增速同比增长。其中,煤炭开采和洗选业完成增加值124.37亿元,同比增长26.1%;非金属矿物制品业增幅达到了21.6%,经济增加值为144.45亿元。有色金属冶炼及压延加工业完成增加值315.97亿元,增长6.9%;电力、热力生产和供应业经济增幅5.2%,增加值615.90亿元;化学原料、制品制造行业年度增幅为3.3%,增加经济贡献156.16亿元。可见,煤炭开采、非金属矿物制品等行业在云

●万媛.云南省低碳经济发展研究[D].北京:中央民族大学,2015.

南经济增长中发挥作用较大。

云南的38个工业大类中,33个行业实现了同比增长,比重高达86.8%。农副食品加工业,同比增长17.3%,增速同比提高6.9个百分点,完成增加值149.01亿元;食品制造业完成增加值57.22亿元,增长21.6%,提高10.4个百分点;酒、饮料和精制茶制造业完成增加值107.74亿元,增长18.5%,提高8.1个百分点;医药制造业完成增加值113.07亿元,增长16.9%,提高9.9个百分点。由上可知,增速较快的工业行业有食品加工、酒饮料和精制茶制造,以及农副食品加工等行业。

(二)从外资投入视角,观察重点投资行业及特点

以内蒙古为例,储量丰富的煤炭资源支撑起有色金属冶炼及压延加工业,最近几年发展迅速。再细分,尤其偏向于动力指向性的铝冶炼及钛合金冶炼这两个行业。虽然制造业中只有15%的外资倾向于食品制造,但外资进入的行业相对集中,主要是液体乳和乳制品制造业,这方面吸引了制造业领域90%的外资。内蒙古先天的产业比较优势,都是当地符合奶牛饲养条件的自然环境、富饶肥沃特有的牧场,以及悠久的奶牛饲养历史和传统所不断培育产生的。内蒙古乳制品行业在国际和国内市场的国内国际发展后劲巨大。

(三)资源密集型产业等发展现状

民族地区拥有得天独厚的资源禀赋,为发展资源型产业提供了良好的基础性条件,资源型产业对拉动西部地区经济持续增长和国家能源供应方面都做出了卓越的贡献。该产业已成为民族地区实现工业化和经济发展的重要依托。尤其西部大开发以来,资源型产业在少数民族省份的发展也迎来了快速增长。根据马丽❶的研究,总体而言,民族地区资源型产业在各省区GDP中的产值,内蒙古、贵州、宁夏的煤炭开采和洗选业

---

❶马丽.环境规制对西部地区资源型产业竞争力影响研究[D].兰州:兰州大学,2015.

产值比重较高。甘肃、新疆、青海的石油、天然气开采业较为集中。石油加工、炼焦及核燃料加工业集中于甘肃、宁夏、新疆等省区。黑色金属冶炼及压延加工业集中在内蒙古、甘肃、青海。电力、热力的生产和供应业则主要集中在黄河上游的青海、宁夏等省。西部大开发以来，民族地区立足资源禀赋优势，凭借国家政策及资金扶持，形成了以采矿、冶金、化工和装备制造为主的资源型产业，并逐渐成为国家重要的矿产资源储备、能源开发、冶金、化工基地，在全国都具有代表性和影响力。对民族地区而言，加快工业化发展时期，也是非理性承接东部地区产业转移，维持高能耗、高排放、高强度消耗资源传统产业结构的过程。❶

内蒙古人均GDP有了提高，但是未能实现人民普惠。依靠煤炭、天然气、稀土等资源优势，内蒙古2002—2014年人均GDP超过10000美元，在全国居前5名。但2014年当年全区城镇居民可支配收入为25496.7元，仅占全区人均GDP的37.7%。农民人均纯收入为8595.7元，仅占全区人均GDP的12.7%。上述两项指标都远远低于全国的平均水平，离发达地区应达到的55%临界值尚有较大差距。此外，全国GDP含金量2014年度平均值为43.1%，内蒙古的该项指标连续4年在全国范围排名倒数2位。

内蒙古自治区位于我国北部边陲，横跨“三北”，全区总面积118.3km²，是我国重要的能源基地、新型化工基地、有色金属生产加工基地。截至2011年年底，全区查明矿产地1915处，其中能源矿产地584处，金属矿产地959处，非金属矿产地372处。2013年，内蒙古自治区矿山从业人数为28.9万，采掘业工业总产值1910亿元。

新疆是全国重要的能源矿产、有色金属矿产的开发基地和重要战略资源接替区，矿业及其相关加工制造业产值在全区工业总产值中占有较大比重，一直是自治区经济发展的重要推动力。多年来，矿业产值占自治区国民经济总产值的近1/3。

---

❶万媛.云南省低碳经济发展研究[J].北京:中央民族大学,2015:39.

目前,西藏自治区已开发利用的矿产资源有铬铁矿、硼矿、铅锌矿、铜矿、水泥原料、建筑用砂石等22种。墨竹工卡铜钼铅锌多金属矿、谢通门铜铅锌多金属矿、罗布莎铬铁矿、扎西康铅锌多金属矿、革吉-改则盐湖硼矿的开发已初具规模,形成了以采矿业为源头的矿产资源开发利用产业链,带动了地方经济及相关产业的发展,取得了良好的经济效益和社会效益。[1]

第四节　区域产业政策特点

一、民族地区产业政策介绍

民族地区间产业政策目标是促成产业结构的平衡与升级,核心目标为实施推动产业结构的升级,产生新的经济增长点,使民族地区经济可持续发展,人民生活水平不断提高。主要是通过国有企业完成指令性与指导性计划、国民产业调整计划、产业扶持计划、积极的财政政策、项目审批来实现。表现形式为常态化、前瞻性,其性质是对称型调控。笔者在本书讨论的产业政策应属狭义的产业政策,即探讨各省区的国民经济计划(包括指令性计划和指导性计划)、产业结构调整计划、产业扶持计划、财政投融资、货币手段、项目审批政策等。

民族地区及其内部各地区自然环境具有复杂特征,经济社会发展水平也存在差异性,历史文化存在特殊性。结合各地产业发展现状,民族省区因地制宜,制定并不断完善各领域、各层级的产业政策。本书因篇幅有限,不能一一穷尽。因为在进一步清理规范区域性税收优惠政策、新一轮西部大开发等政策群体系大调整的背景下,少数民族省区在某些行业的政策制定上是有共性或是相似特征的。笔者尽可能选取每个少

---

[1]冯聪.边疆少数民族地区矿产资源开发利益共享机制研究[J].资源与产业,2016(2):26-31.

数民族省区的某几个产业政策进行差异性分析,并做适当综合性简介,再以本书筛选出的企业所属行业为主要介绍对象,以供后续章节的分析比较使用。

(一)广西

在本书的讨论中,广西持续环保投入的企业行业分布是较广的(详见表5-6:地区企业行业分布及数量)。农业、涉农产业数量占比不大。在全省39个样本中,农林牧渔服务业、农副食品加工、木材加工等行业只有6家。

涉农行业可以持续投入治污,与广西财政对农业的补贴是相关的。"三农"政策在广西的落地涵盖农资综合补贴、购农机具补贴,也包括水土保持、退耕还林等有关农业生态环境保护的补贴。以2013年广西下达的直接涉农补贴金额拆分为例,用于新建沼气池、退耕还林及森林生态效益补偿的环保项目金额为9.51亿元,占涉农补贴总金额69.75亿元的13.63%。投入在传统农业生产领域,即粮食、良种、农机具等项目上的补贴较大,涉及农业生产环保的补贴比重不大。再者,税收优惠也多注重"支农""惠农",却没有注重农业环保,甚至变相"毁农"。[1]

在行业样本中,广西作为我国木材生产基地的地位反映在持续环保投资发挥经济效益的造纸和纸制品企业共4家。木材基地的发展与生机勃勃的速丰林建设大大相关。广西造纸原料由原来单纯依靠蔗渣、草、木、竹,逐步过渡到以木材料为主。2013年年底,造纸与木材加工业踏进"千亿俱乐部",成为广西第9个规模超千亿元的产业。然而从该行业加速发展的技术前提看,明显落伍的造纸装备水平,遏制着广西本区内造纸业提升其全要素生产率。截至2015年,全区生产生活用纸企业仅仅拥有11台年产量20万吨的较大型中高速纸机。此外多安置低转速、低效

---

[1] 陆青鹰. 保护广西农业生态环境的财税政策研究[J]. 广西财经学院学报,2015,(28(6):46-50.

能、高能耗的窄幅纸机,年产能少于千吨。造纸行业抗风险能力弱,体现在单位能耗、经营管理、生产效率、劳动成本等方面。❶

培养战略性新兴产业是广西改观经济发展模式、调节产业结构的必然选择。广西已进入工业化中期,面临工业化方式跨越发展。广西自2011年GDP等多项经济指标打破万亿元目标后,工业化中期的阶段特征更为清楚。广西区委员会、自治区政府接连制定了《中共广西壮族自治区委员会、广西壮族自治区人民政府关于做大做强做优我区工业的决定》(桂发〔2009〕35号)《广西壮族自治区人民政府关于加快培育发展战略性新兴产业的意见》(桂政发〔2011〕17号),旨在从产业政策上优化产业结构,提速广西特色新型工业化进程度,促进节能减排,主动应对日趋强烈的外部竞争和环境问题,督促广西经济长久稳固的中高速发展。

(二)新疆

新疆的企业行业样本共有16户,与资源相关的制造业和加工业占比较高,在11户左右。近年来,对新疆产业发展影响较大的政策主要属于正在实施中的推进产业结构调整的财税政策及举措。

第二产业方面,新能源汽车整车制造、电动汽车充电设施建设运营、新能源汽车关键零部件生产制造业可享受西部大开发企业所得税优惠。对毛纺织、麻纺织业提供运输费补贴。对纺织服装企业提供岗前培训补贴。对纺织服装业给予保险补贴。第三产业方面,科技和创新型的生产性服务业和研发设计业可享受15%的企业所得税优惠税率。对现代保险服务业提供补贴。

此外,在农业方面,对种植业、渔业都有相应的财政扶持,并对农业、林果业、畜牧业提供了科技扶贫资金,为农业现代化提供了技术保障。在工业方面,主要涉及装备制造业和轻工业,能在一定程度上减缓"轻重失衡"的不协调的工业结构。在服务业方面,对设计、检验检测认证、节

---

❶ 行业动态.广西造纸产业观察与思考[J].纸和造纸,2016,35(5):56-57.

能环保等科技型、创新型生产性服务业企业,以及现代保险服务业、广播电影和旅游业的扶持都有涉及。

从自治区政府的财税政策来看,通过运用财税手段进行产业帮扶已成为常态。但财税政策运用的多样性和创新性还有待加强,例如对纺织服装业的财税扶持主要是财政补贴,包括电费财政补贴、岗前培训补贴和保险补贴,其他扶持政策使用很少。从财税扶持力度来看,对一些弱势产业的扶持力度还有待加强,如2014年对农业、林果业、畜牧业的科技扶贫资金1500万元,这项财政扶持对农业现代化是一项基础性的保障,然而对科技的投入必须持久和达到一定规模才能见效。❶

（三）青海

在行业样本中,青海有2家金属加工企业,3家矿物制品企业,以及1家农副食品加工企业。近年来,加大青海品牌商品的产业推介力度有所增强。青海制定了品牌推进战略的帮扶政策:自2008年开始,采取了一系列措施,不仅设置了青海省专门的"品牌建设发展资金",设立了推进战略品牌委员会,发布了系列纲领性文件,包括《青海省进一步推进品牌战略实施意见》等。在其后的五年内,累计8000多万元的资金由该专项资金拨付,用于品牌建设。促进品牌商标实施战略的优惠政策,在各州地市先后出台,以海南藏族自治州为例,州、县两级政府自2009年开始,每年拨出专项资金用于品牌商标的发展,标准为80万元每年。祁连县采取的是一次性奖金奖励的办法,奖励荣获中国驰名商标或是省著名商标的企业,奖金为20万或5万元;也有区县通过印发推进优势特色农产品商标品牌建设的文件来确立扶持品牌相关政策,以海东市及所属6个县（区）为代表。

青海在特色产业发展上推进的品牌强省战略,以农牧产业的十大类别为核心,如菜、药、肉、果、冷水养殖等,在大方向上紧扣循环、低碳、生

❶黎英.推进新疆产业结构调整的财税政策分析[J].经济论坛,2016（4）:24-25.

态、集中的发展导向，以推进建设符合青海高原特色标识的绿色生态农牧业商标品牌为目标。重视高原特色的食品加工、生物医药，以及纺织棉毛和健康饮品的产业发展，重点推进高新材料能源、新型装备制造和盐湖的化学工程，发展小微企业千家工程，加快"双百"行动工业建设，培育出一类具有竞争力的工业商标品牌；在服务业范围内加快建设，把握文体、物流、餐饮娱乐、房产中介、金融信息等服务业十大类别，同样扶持培养出具有成长潜力的商标品牌；在文化行业，围绕原有文化产业聚集区域，发展建设文创产业基地，抓住特色演艺，影视出版、工艺美术等产业，尽快在文化产业建立具有价值和影响力的商标品牌。❶

（四）内蒙古

样本反映，在6家持续进行环保投入的企业中，食品制造业占2家，其余的都是金属采选业、金属加工业及电力、热力生产供应企业。内蒙古自治区在中小企业融资方面出台了一系列政策。2009年7月，自治区政府通过出台《关于进一步促进中小企业发展的意见》明确在各旗县（市、区）、开发区（园区）都要建立小额贷款公司，推进民间资本为主体专门为中小企业服务的区域性、专业性中小银行和村镇银行试点。2011年4月出台的《关于印发促进中小企业政策落实年活动方案的通知》要求内蒙古银监局牵头，多家金融机构配合，切实落实中小企业评级、授信制度及相关金融产品的开发，确保中小企业信贷投放增速高于其他信贷。

截至2012年年底，内蒙古通过投资或参股方式成立的5家以上的担保公司为超过200家以上的中小企业提供了贷款担保，担保金额达15亿元以上。在融资方面，仅在2012年内蒙古自治区财政就为中小企业发展筹集4.68亿元专项发展资金，其中1.486亿元用于中小企业发展，有1.25亿元为中小企业支付技术改造贴息，剩余的部分用于发展基金、工业开

---

❶卢海.借鉴江苏经验 推进青海特色产业——省工商局局长王定邦就2014青海特色品牌商品南京推介会答记者问[N].青海日报,2014-04-04(3).

发区（园区）的企业奖励基金，以及国际市场开拓基金。通过上述资助渠道，共有489个中小企业项目在当年获得资助，以无偿资助或贴息的方式获取了政府专项资金的帮扶，加大了中小企业经济结构调整，加快了技术改造、产业升级的步伐。❶

（五）贵州

第一，财税政策的产业引导对贵州的生态文明建设起到了扶持与促进的作用。成功贯彻落实了相关战略部署，在产业发展，尤其是生态化转型方面，取得了显著的成果。在2008年至2013年的六年间，贵州的现代农业生产发展资金，共获得中央财政13.9亿元的拨款，贵州政府为对重点县茶园基地建设加大支持（该项目属于"十二五"茶产业规划），共整合资金53.3亿元，将茶园面积由141万亩（2007年）增长到611万亩（2013年），茶园面积达到全国第一。贵州自2012年开始，设立省级的专项资金，用于具有特色优势的现代农业产业发展，并逐年有计划地加大用于现代化农业的专项资金规模，以便更好地强化财政资金的扶持效果，资金同时配合中央的现代农业专项发展资金，集中用于支持以茶叶药材、核桃果业、草地生态、畜牧养殖为主，具有山地优势特色的农业发展。

第二，节能减排和建设工业平台的重点支持。贵州省级逐年增加专项资金，用于开发区及工业园区的发展建设，根据《贵州省人民政府办公厅关于促进开发区工业园区健康快速发展的意见》精神要求，大力支持有关区域发展建设，加大、加快相关区域资金投入，紧扣"整合存量、优化增量"的原则为指导进行投资。将产业生态化转型定义为重点促进发展方向，推进"七朵云+N"为代表的大数据产业提升。贵州省在财政方面加大对清洁能源生产的扶持，《关于加快推进工业清洁生产的实施意见》的明确规定下，进一步增大支持力度，对工业信息化、环保节能、中小企业减排等发展方向上进行专项资金的统筹和整合，重点支持项目有：清洁

---

❶杨志刚.内蒙古中小企业政策成效研究［D］.呼和浩特：内蒙古大学,2014.

生产及相关服务体系的项目建设和技术升级、建设相关产业园的基础公共设施和对大宗工业废弃物的资源再利用产业等,鼓励企业开展技术改造,进行清洁生产,并设置专项资金,使得有条件的县市能够进行清洁生产的发展。设立有效的核查机制,对未在规定期限进行清洁生产验收的企业单位,如无特殊原因,将一律停止包括工业和信息化专项财政补助、环境保护专项资金等在内的所有政府支持。

第三,转型升级发展服务业的加快进行。各市因地制宜抓服务业专项资金引导和安排,依托省财政对其发展需要逐步增发的引导资金,并根据基础条件,酌情扩大规模。运用补助经费、贴息贷款和资金奖励等模式,利用好专用于服务领域的省级扶持资金,以旅游演艺等特色服务业为首要方向,针对服务业倚重专项财政扶持资金的导向作用,尽力引导并扩大资金规模。计划自2014年开始的四年里,将各县按现代服务业指导目录内企业缴纳的营业税("营改增"后同口径增值税),通过省对下转移支付的方式,按照20%的比例补助给各地方,体现省财政对各市县现代化服务业的支持,这笔资金将作为奖励,拨给符合现代服务业标准的企业,由当地政府代发;重视包括税收就业和服务业增值的一系列服务业发展目标,并以目标的绩效评价作为在引导专项发展资金分配的决定因素。❶

第四,贵州对于生产民族特需商品的企业,从金融、财政、税收三维度实施"三项照顾政策",即一是对民族特需商品定点生产商的正常流动资金贷款利率实行降低2.88个百分点的基准利率优惠;二是对民族特需商品定点生产企业技术改造予以支持,国家和贵州省每年对该类企业给予生产资金补助和技术改造贷款财政贴息;三是对国家定点企业生产的

---

❶独娟,刘波.基于生态文明视角的产业发展财政政策研究——基于贵州的调研[J].现代商贸工业,2016(18):119-122.

边销茶及经销单位的边销茶免征增值税。❶

（六）云南

云南产业发展的根基，即自然资源、区位优势、传统支柱产业和目前正在实施的、积极谋划中的产业政策都是一脉相承的。云南是集有色、稀有、贵金属特大矿区的矿产资源所在地，同时兼具丰富水能和旅游资源。多样、独特、民族的旅游风貌持续创造巨大价值。而且随着中国-东盟自由贸易区启动建设，云南与东南亚各国跨境贸易额也增长明显。过去烟草行业一家独大的局面，也逐渐调整为烟草、电力、有色金属、化工、旅游多个支柱型产业同时发力。

财税政策主要用来支撑上述产业发展以及促进云南今后一段时间经济发展方式的转变。在土地利用政策上，云南积极开展低丘缓坡土地综合开发利用试点。不计入补充耕地范围则需要企业的建设项目中的建设用地仅为25度以上的劣质坡耕地，并且符合山地城镇建设条件。此举无疑是兼顾对耕地的保护，以及产业发展所急需建设用地的供应。

电力方面，采取优惠电价政策，由各州（市）发改委制定并组织实施大用户直供电方案，并报省物价局备案。凡符合国家产业政策规定的，对云南省政府确定的千亿级企业（集团）用电，均争取纳入国家大用户直购电试点范围。生产电价由用电企业与发电企业双方自主协商议定，并由用电企业与发电企业、电网企业签订电力直接交易合同。

云南其他形式的产业政策大致执行情况和效果：税收优惠方面，在全国税收优惠清理的大背景下，云南省级的财政不再单独制定优惠政策，而是以新一轮西部大开发的目录为基准；在扶持项目的模式方面，仍然以"点对点"的奖励补贴、贴息政策为主。可见，政策的资金较分散，在不同部门间、不同项目中存在重复补贴的问题。但是，对中小企业的产

---

❶吕海梅，吴永忠.贵州工业化进程中民族工艺产品保护与开发的思考[J].贵州民族大学学报（哲学社会科学版），2014（148）：149-153.

业扶持尚不到位,产业链的覆盖程度仍有待加强。❶

（七）宁夏

宁夏近年来实施的多项财政税收政策,均以开放型工业发展为目标。

第一,大力鼓励扶持能源化工产业发展升级。能源化工产业是宁夏的传统优势产业,区政府通过技改资金,对该类企业的技术改造与创新、产业转型与升级,提供大力的财政支持,最大范围地将产、学、研在同一维度进行协作互赢的调度。中央、地方持续不断地通过资金投放、项目创立、人才引进与选拔等方式鼓励和扶持宁夏传统产业优化升级。

第二,大力鼓励扶持新兴产业成长建设。中央与自治区财政通过下拨专项资金,支持宁夏发挥自身优势,在支持高分子新材料和有色金属新材料产业发展的同时,大力扶持高新技术产业基地的建设,推动战略性新兴产业,如生物、节能环保、先进装备制造、新一代信息技术、新材料新能源等产业的成长。

第三,大力鼓励扶持穆斯林用品及清真食品的产业联动发展。首先是在品牌认证上,要对国际认证、质量管理、环境管理体系等认证标准的清真食品企业或穆斯林用品企业符合条件的产品,给予补贴或补助或税收减免等财政转移支付帮助。其次,是在产业政策上,通过一次性给予资金鼓励,支持清真食品或穆斯林用品企业自主品牌创建、扩建等,并鼓励清真食品或穆斯林用品企业加大力度投入到产业的改造与升级、产品的创新与开发、贸易的拓展与出境。再次,是在硬件设施上,清真食品或穆斯林用品企业在进行产业园区升级建设、产业人才引进与培训、公共服务平台搭建与推广时,有关部门应该给予补贴或补助或税收减免等财政转移支付帮助。最后,是在政务联动上,区财政要设立专项资金给予补贴或补助或税收减免等财政转移支付产业发展,进行产业政策引导等

---

❶吴伶. 促进经济发展方式转变的财税政策研究——基于对云南省产业结构发展状况的调研[J]. 中国集体经济,2016(3):92-93.

具体经济行为,并在此基础上随财政投入逐年递增。❶

(八)西藏

在特色产业政策方面,由于西藏特殊的地理位置和气候,当地以矿产资源、特色农产品资源、自然和人文旅游资源、藏医药资源为依托,发挥比较优势,发展特色经济。随着产业援藏政策进一步实施,西部大开发战略实施,以及青藏铁路开通,西藏的民族手工业、高原绿色饮食业、农畜产品加工业等特色产业也迅速崛起。为扶持特色产业发展,2009年西藏设立5亿元产业与企业改革专项资金;2011年又通过委托贷款与阶段性参股投资等有偿方式安排1.9亿元产业与企业改革发展资金,扶持了8个特色发展项目。截至2014年,西藏六大特色支柱产业金融机构贷款余额为339.65亿元,有效推动了特色资源向产品与服务的转化力度,推进了特色产业生态化发展。❷

二、民族地区产业政策特点

以往,民族地区产业往往处于产业链的底端,经济效益少,所谓新材料的应用也是结合了当地的资源、能力以及廉价劳动力的优势。决策者更多的是考虑如何推动产业的快速发展和经济利益的增长,即使有对环境上的考量,如通过制定相关政策加快对产业结构的调整,逐步淘汰高耗能、高污染产业,但并没有将生态保护理念真正融入整个政策制定思维中

例如,为了响应国家"一带一路"倡议,积极承接中东部产业转移和打造"丝绸之路经济带"甘肃黄金段,甘肃省工业和信息化厅印发了《关

---

❶独娟. 促进内陆开放型产业发展的财税政策探析——基于宁夏的调研[J]. 现代商贸工业,2016(19):125-127.

❷杨文凤,杜莉,朱佳丽. 基于产业演进的西藏产业发展路径分析[J]. 农业现代化研究,2015(5):741-747.

于2014年全省承接产业转移工作要点及落实责任分工方案的通知》,通知中详细说明了甘肃省承接产业转移的指导思想、总体要求、年度目标及任务分解,但整个通知中并没有反映出甘肃省在承接产业转移、推动产业转型升级过程中实现产业和生态协调发展的理念。实际上,甘肃省近年来由于经济增长主要得益于石油化工、钢铁、有色金属等重工业的发展,空气、水、土壤污染严重,环境形势不容乐观,未来在紧抓国家西部大开发和"一带一路"发展机会推进产业结构调整和优化升级的过程中,要切实重视对生态环境的保护和建设,最终走"以环境承载经济发展、以经济推动生态建设"的发展道路。❶

在产业政策上,涉及化学纤维制造业、橡胶制造业和有色金属冶炼及压延加工业,都是和资源有关系的产业。片面的发展存在创新能力不足,过多依赖资源的问题。对比东部经济发达的广东省,其优势产业都分布在制造业,并且以在技术型制造业为主,而且分布比较合理。❷

观察民族地区的行业政策,具有自身特点的,还是与生态涵养相关。以西藏自治区为例,西部生态屏障省区,在产业结构转型与生态文明建设方面,政府层面更加注重从草原生态保护补助奖励机制的建立完善、森林生态效益补偿机制的建立等方面,在政策层面促进生态文明建设。其中,对西藏区内企业的节能减排也制定了专门的规章制度,予以支持。

产业政策为实现民族地区经济和社会发展目标,对区域内产业的形成和发展进行适度必要干预。随着经济结构调整的产业发展布局进一步铺开,其弥补市场缺陷、有效配置资源、保护幼小产业的成长、熨平经济震荡等功能也日益凸显;包括产业组织政策、扶持中小企业等一系列构建特色产业的创新政策体系也逐渐形成。民族地区的特色产业政策

❶孟德智.生态保护视角下的丝绸之路经济带产业政策制定模式研究[D].兰州:兰州大学,2015:39.

❷刘云兵.产业集群、经济增长与西部欠发达地区的产业政策——基于面板数据模型的实证分析[D].大连:东北财经大学,2016:33.

是指依托当地比较优势的资源,构建并发展具备鲜明特色和市场竞争力的产业政策体系。对于财税、金融方面制定有差异的贷款利率,针对不同产业提供差异性财税政策,给予低息贷款和降低税收刺激投资需求。吸引投资向特色产业发展的基础设施领域建设方面倾斜。这类民族地区产业政策群也为逐渐适应环境规制要求的提高,正不断丰富环境保护方面的相关内涵和功能。

第五节　政策变量及数据来源

为了反映出产业结构、产业迁移和环境规制的关系在不同发展阶段和不同少数民族省区的差异,控制不随时间而变的多种因素对本书所选模型估计所造成的影响。同时,也为更加契合本书研究目标,考虑银行信贷评估等衡量企业经营活力时依托的重要参考变量经济增长 Y,选取企业的年营业收入经济增长率 y 即为营业收入的环比年增长率。劳动力投入 L 方面,充分考虑了数据的可得性,本书选取年末就业人数来表示 L,所以年末就业人数的年增加率就表示 l。

建设投资 I,本书选用指标是固定资产投资额,则其经济建设投资增加率为 i。目的是将经济建设投资中包含的有关环保投资部分尽量减少、剔除,采用固定资产投资额使指标的替代更为准确。环保投资 EI,结合税收调查统计采集项目特点,充分考虑、借鉴相关先导性研究成果。蒋洪强选用了污染治理设施投资和设施运行费用数据,张雷等选用了环境污染治理总额数据,周文娟选用了城市环境基础设施和工业污染治理投资数据。本书中,2012—2015 年度,拟采用环保设备运行维护费用来代替 EI,运行维护费用的年增加率即为 ei。

数据来源方面,本书使用的是全国税收调查数据。该项调查时在各级国税、地税机关组织安排下,每年针对全国税务机关所辖各类纳税人的工作任务。主要分为重点调查和抽样调查。以2014年的工作通报内容为例,当年的调查容纳各类纳税人714641户,重点调查581823户,抽样调查132818户。样本较为丰富,覆盖区域、行业较广。由于规格和要求较高,纳税人填报的数据较能反映企业经营原貌。对于填报内容,各级税务机关将进行审核,从而最大限度地避免因政策适用、政策理解、计算差错所产生的误差,分析的基础数据质量较好。

根据研究需要,我们筛选的样本要求,以上4个变量相邻年份数值之差不能为零。条件是较为苛刻的,但是只有保证环保设备运行维护费用的两项组成治污或治理废气的费用持续非零,才能为本书研究提供持续稳定的研究样本。依循上述严格的筛选规则,在全国分省区共选出1569户企业在2012—2015年的四年数据。此外,按照国家民委关于民族地区的定义,我们选取以下八省区(内蒙古自治区、宁夏回族自治区、新疆维吾尔自治区、西藏自治区、广西壮族自治区五大少数民族自治区以及少数民族分布较为集中的贵州、云南、青海3个省份)的面板数据作为研究对象。民族地区样本少,绝对样本值少,不足以完全说明问题,但是可以在一定程度上反映现实情况。

经比较研究税收调查表样与环保部环保调查表样,本书设计的变量数据环保设备运维费用同时也是环保部每年固定调查的重要指标。环保部对企业相关环保治理投资、运行费用统计等其他环保调查数据,都实施了较为严格的保密措施。而本书选取的销售收入、人力资本投入等方面的数据对企业经营发展亦很重要,较为敏感。故在研究过程中,不以附录的形式予以展现。关于样本方面的情况,请参见后续的统计性描述及相关分析。

第六节　环保投资对企业效益的
贡献率模型建立

生产函数作为一种基本估计框架,被研究经济增长的相关实证分析文献广泛使用。生产理论将生产定义为集中各类生产要素,进而将要素生产为最终产品的行为。该过程即是将投入的多种资源(西方经济学家一般认为由劳动(L)、资本(K)、自然资源(N)及企业家才能(E)四种主要生产要素构成)变成产出的经济行为。

以上四类要素中,前三者之间存在替代关系,才能和劳动、资本、自然资源之间存在互补的关系。但企业生产的最终产量依存于生产要素的投入量和投入要素的组合。用数学公式来展示这种紧密存在于各种生产过程之中的普遍联系,就得到以下的生产函数形式:

$$Q = f(L, K, N, E) \tag{4-1}$$

生产函数描述的上述四种要素构成的要素组合在既定技术水平之下,可以生产的最大产出。但是在实际企业经营中,生产所投入的自然资源与企业家才能是不容易准确计量的。而且N、E两要素在某一时空范围内经常性的是固定不变的,所以剔除这两种要素后,可以简化生产函数为:

$$Q = f(L, K) \tag{4-2}$$

根据美国1889年至1922年的经济数据,数学家柯布和经济学家道格拉斯共同提出了柯布—道格拉斯(Cobb-Dauglas)生产函数。因为该函数用较为简洁的形式展示了学界学者集中关注的经济现象及其背后的性质,所以在理论分析和实证研究领域应用极广。

作为资本来源的重要组成,环保投资对企业的经济增长产生了直接影响,所以可以运用生产函数以及柯布—道格拉斯生产函数来进行分析研究,环保投资作为资本来源的一部分,对经济增长有着直接的影响,故而可以采用生产函数这一工具来分析环保投资对企业经济增长(营业收入)的影响方向以及程度。

$$Y = A_{(t)}L^a K^b \mu \qquad (4-3)$$

其中,Y 表示总产出,$A_{(t)}$ 表示综合技术水平,L 和 K 分别表示生产过程投入的劳动力和资本数量,a 和 b 分别为劳动力和资本的弹性系数,表示劳动力和资本投入的变化引起产值的变化的速率,μ 表示随机干扰的影响。

令 $\mu = 1$,则有:

$$Y = A_{(t)}L_t^a K_t^b \mu \qquad (4-4)$$

为了能够单独研究环境保护投资对于经济增长的作用,我们把投资 K 拆分成两部分:一是环保投资 EI,二是经济建设投资 I。在分解柯布道格拉斯生产函数时,将环保投入作为资本投入的一部分,资本投入 K 分为环保投入 EI 及其他经济建设投资 I。柯布道格拉斯生产函数一般形式转化为产出函数:

$$Y = Af(L,EI,I) = A_t L_t^\alpha EI_t^\beta I_t^\gamma \qquad (4-5)$$

其中,α、β 和 γ 分别为劳动力、环保投资和经济建设投资的产出弹性,进一步假设所有要素为规模收益不变,即 $\alpha + \beta + \gamma = 1$。上式两端取自然对数,则得到生产函数模型:$lnY_t = lnA_t + \alpha lnL_t + \beta lnEI_t + \gamma \ln I_t$。

对方程微分后,得到:

$$\frac{dA_t}{A_t} = \frac{dY_t}{Y_t} - \left(a\frac{dL_t}{L_t} + \beta\frac{dEI_t}{I_t} + \gamma\frac{dI_t}{T_t} \right) \qquad (4-6)$$

若是要考察经济增长的技术效率,则将全要素生产率分解为技术进步和技术效率两部分,即:$A_t = A_t^1 A_t^2$,其中 A_t^1、A_t^2 分别表示技术进步因子和技术效率因子。

为将资本进行进一步拆分,较为完整的考虑环保投资因素,本书主要参照叶丽娟的研究路径,转化生产函数进行。生产函数即转化为:$Y = Af(L,EI,I) = A_t L_t^\alpha EI_t^\beta I_t^\gamma$,两端同时对 t 求导,再在两端同时除以 Yt 并约去

dt,即得到下列关系:

$$\frac{\mathrm{d}Yt}{Yt} = \frac{\mathrm{d}At}{At} + a\frac{\mathrm{d}It}{It} + 4\beta\frac{\mathrm{d}EIt}{EIt} + \gamma\frac{\mathrm{d}It}{It} \tag{4-7}$$

其中,α、β 和 γ 分别为环保投资、经济建设投资、劳动力投资的产出弹性,表示环保投资、经济建设投资以及劳动力投资每增加1%,引起经济增长变化的百分比。

用差分代替微分,当 $\Delta t \to 1$ 时,并令:

$$y = \frac{\Delta Yt}{Yt}, \lambda = \frac{\Delta At}{At}, i = \frac{\Delta It}{It}, ei = \frac{\Delta ETt}{ETt}, l = \frac{\Delta Li}{Li}$$

则有:

$$y = \lambda + \alpha i + \beta ei + \gamma l \tag{4-8}$$

上式中的 y、i、ei、l 分别表示经济产出、经济建设投资、环保投资、劳动力的年增长率,$\frac{\lambda}{y}$、$\frac{ai}{y}$、$\frac{\beta ei}{y}$、$\frac{\gamma l}{y}$ 就表示了技术进步、经济建设投资、环保投资、劳动力投资对经济增长速度的影响力大小,我们称之为技术进步、经济建设投资、环保投资、劳动力投资对经济增长速度的贡献率。

第五章 实证分析分行业、分省区的民族地区环保投资对企业效益的影响

第一节 实证分析基于面板数据的分行业民族地区企业环保投资对其经济效益的影响

一、变量说明和数据选择(分行业截面数据的构成)

实证分析的数据来源为134个企业样本数据。对于截面成员较多、时期较少的"宽而短"而且侧重截面分析的数据,一般通过具有面板结构的工作文件(Panel Workfile)进行分析。

从全国的全量样本中,筛选出民族地区八省区的134家企业,共涉及28大国民经济行业。研究筛选参考的行业标准为国民经济行业分类(GB/T 4754-2011)。民族地区企业行业分布的情况,见表5-1。

表5-1 民族地区企业行业分布表

行业代码	行业名称	各省区企业分布	企业总数(个)
A05	农、林、牧、渔服务业	广西(1)	1

行业代码	行业名称	各省区企业分布	企业总数（个）
B06	煤炭开采和洗选业	宁夏(1)	1
B09	有色金属矿采选业	内蒙古(1)、西藏(1)	2
B10	非金属矿采选业	广西(1)	1
C13	农副食品加工业	广西(3)、云南(5)、青海(1)、新疆(4)、宁夏(4)、西藏(3)	20
C14	食品制造业	内蒙古(2)、广西(2)、云南(1)、新疆(1)	6
C15	酒、饮料和精制茶制造业	贵州(1)、云南(3)	4
C16	烟草制品业	云南(2)	2
C17	纺织业	广西(4)	4
C19	皮革、毛皮、羽毛及其制品和制鞋业	广西(2)	2
C20	木材加工和木、竹、藤、棕、草制品业	广西(2)	2
C22	造纸和纸制品业	广西(4)	4
C25	石油加工、炼焦和核燃料加工业	贵州(1)、云南(2)、新疆(1)	4
C26	化学原料和化学制品制造业	广西(8)、云南(10)、新疆(2)、	20
C27	医药制造业	贵州(1)、云南(1)、广西(1)	3
C28	化学纤维制造业	新疆(2)	2
C29	橡胶和塑料制品业	贵州(1)、新疆(1)	2
C30	非金属矿物制品业	广西(5)、贵州(2)、云南(8)、青海(1)、新疆(1)	17
C31	黑色金属冶炼和压延加工业	广西(5)、云南(1)、青海(1)、新疆(3)、内蒙古(1)	11

行业代码	行业名称	各省区企业分布	企业总数（个）
C32	有色金属冶炼和压延加工业	广西（2）、云南（7）、青海（1）、新疆（1）	11
C33	金属制品业	贵州（2）	2
C34	通用设备制造业	云南（1）	1
C36	汽车制造业	云南（3）	3
C37	铁路、船舶、航空航天和其他运输设备制造业	广西（1）	1
C39	计算机、通信和其他电子设备制造业	云南（1）	1
C41	其他制造业	广西（1）、云南（1）	2
D44	电力、热力生产和供应业	内蒙古（2）、云南（2）	4
F51	批发业	广西（1）	1
合计			134

分别计算出相应的数据，并且按照行业为组分别求平均，从而得到行业的相关观测值，作为回归模型建立的数据基础。

二、方程估计（截面加权估计法）

学界通常采用三种面板数据模型的形式进行估计：一是混合估计模型。我们若从时间上观测，不同样本个体之间不存在显著性的差异；若再从截面上观测，不同的截面之间同样不存在显著性差异，那么就可以直接把面板数据混合在一起用普通最小二乘法估计参数。

二是固定效应模型。若对不同的截面或不同的时间序列，模型的截距并不相同，那么就可以在模型中添加虚拟变量，来估计回归参数。

三是随机效应模型。若固定效应模型中的截距项已包括截面随机误差项和时间随机误差项的平均效应,而且上述两种随机误差项都同时服从正态分布,那么原先的固定效应模型就转变为随机效应模型。

因此,在本书实证分析涉及面板数据模型形式的选择上,我们倾向于用Hausman检验确定应该建立随机效应模型抑或是固定效应模型。

运用EVIEWS8.0软件对模型展开逐步回归分析及检验。首先建立随机效应模型进行估计,结果见表5-2。

表5-2　随机模型估计结果

Dependent Variable：Y？			
Method: Pooled EGLS（Cross−section random effects）			
Date: 12/25/16　Time：20:02			
Sample：2012−2015			
Included observations：4			
Cross−sections included：28			
Total pool（balanced）observations：112			
Swamy and Arora estimator of component variances			
Variable	Coefficient	Std. Error	t−Statistic	Prob.
C	5.090504	4.113239	1.237590	0.2184
EI?	−0.034512	0.192317	−0.179452	0.8579
I?	5.366632	10.22339	0.524937	0.6006
L?	0.828251	0.407756	2.031240	0.0645
Random Effects（Cross）			
NL—C	−0.349741			

续表

MT—C	−0.397957		
YS—C	−0.500501		
FJ—C	−0.289285		
NF—C	−0.277798		
SP—C	−0.347243		
JY—C	−0.214229		
YC—C	−0.366782		
FZ—C	−0.193188		
PG—C	−0.369870		
MC—C	3.460906		
ZZ—C	−0.631900		
SY—C	−0.345353		
HX—C	−0.277487		
YY—C	−0.220244		
HQ—C	−0.503866		
XJ—C	−0.309624		
FJ—C	−0.385368		
HJ—C	−0.323155		
YS—C	−0.299932		
JZ—C	−0.284796		
TY—C	−0.399649		
QC—C	−0.366384		
TL—C	−0.363482		
PC—C	−0.358768		
QT—C	−0.318483		
DL—C	−0.304207		
PF—C	6.133645		

续表

	Effects Specification			
			S.D.	Rho
	Cross-section random		5.359414	0.0187
	Idiosyncratic random		38.80848	0.9813
	Weighted Statistics			
R-squared	0.072308	Mean dependent var		6.628324
Adjusted R-squared	0.048316	S.D. dependent var		39.28374
S.E. of regression	38.32297	Sum squared resid		170363.4
F-statistic	3.013844	Durbin-Watson stat		2.718675
Prob(F-statistic)	0.032901			

注:行业缩写解释。NL:农林;MT:煤炭开采和洗选业;YS:有色金属矿采选业;FJ:非金属矿采选业;NF:农副食品加工业;SP:食品制造业;JY:酒、饮料和精制茶制造业;YC:烟草制品业;FZ:纺织业;PG:皮革、毛皮、羽毛及其制品和制鞋业;MC:木材加工和木、竹、藤、棕、草制品业;ZZ:造纸和纸制品业;SY:石油加工、炼焦和核燃料加工业;HX:化学原料和化学制品制造业;YY:医药制造业;HQ:化学纤维制造业;XJ:橡胶和塑料制品业;FJ:非金属矿物制品业;HJ:黑色金属冶炼和压延加工业;YS:有色金属冶炼和压延加工业;JZ:金属制品业;TY:通用设备制造业;QC:汽车制造业;TL:铁路、船舶、航空航天和其他运输设备制造业;PC:计算机、通信和其他电子设

备制造业;QT:其他制造业;DL:电力、热力生产和供应业;PF:批发业。下文行业的
英文缩写是相同的,不再赘述

从估算结果来看,资本(C)、环保投资(EI)、经济建设投入(I)、劳动
力(L)4个变量的参数估计显著度较高,无法通过检验。整体来看,拟合
系数 R^2 只有 0.072308,说明上述变量未能很好地解释应变量,需要作进
一步的 Hausman 检验和选择。

表5-3 Hausman检验统计量和伴随概率计算结果

Correlated Random Effects–Hausman Test			
Pool: Untitled			
Test cross–section random effects			
Test Summary	Chi–Sq. Statistic	Chi–Sq. d.f.	Prob.
Cross–section random	15.115731	3	0.0089
Cross–section random effects test comparisons:			
Variable	Fixed	Random	Var(Diff.)	Prob.
EI?	−0.003775	−0.034512	0.015212	0.8032
I?	5.914728	5.366632	30.657990	0.9211

续表

L?	0.848541	0.828251	0.048151	0.9263

由表5-3可以看出,Hausman检验的检验统计量为15.115731,伴随概率为0.0089。因此,拒绝固定效应模型与随机效应模型不存在系统差异的原假设,建立固定效应模型。这也是符合实际情况的,因为本书是利用民族地区8个省(自治区)的数据来考察环保投资额和经济增长(销售收入)的关系。用来分析和比较区域现有差异的,截面单位是总体的所有单位,因此采用固定效应模型比较合适。由于本书的目的是要具体分析各民族地区的行业的环保投资对经济增长的影响,所以选择变系数固定效应模型。

本书采取的变系数固定效应模型如下:

$$gdp_{it} = c + \alpha i_{it} + \beta ie_{it} + \gamma l_{it} + \mu_{it} \tag{5-1}$$

其中,i表示28个行业;t表示年份,从2013年到2015年。

其拟合结果见表5-4。从表中可以看出模型的拟合效果很好。调整后的可决系数为0.9221,几乎所有行业的环保投资增长率估计参数在1%的水平下都很显著。这比前面的混合模型的估计结果更加精确,说明方程的设计和估计过程更加科学,从而证实了本书的推论。证明了"一刀切"地利用民族地区的环保投资和经济增长的数据来研究环保投资对经济效益的影响是片面的,也是不准确的。企业环保投资对其经济效益的影响是存在行业差异的。这一结果是更符合中国实际国情的。

表5-4　环保投资总额增长率与销售收入增长率的回归结果

变量	系数	标准差	T值	显著性
C	4.087635	0.002311	23.40918	0.0000

续表

变量	系数	标准差	T值	显著性
L	0.072845	0.003428	5.572481	0.0000
I	0.043891	0.007639	3.723569	0.0000
QT	0.328231	0.009787	8.783871	0.0000
FJ	0.024287	0.012451	1.626679	0.0000
YS	0.057936	0.015115	2.469487	0.0000
FJ	0.068031	0.017779	3.312295	0.0000
QC	0.067546	0.020443	8.155103	0.0000
ZZ	0.895672	0.023107	2.997911	0.0000
TY	0.024532	0.025771	6.840719	0.0000
JZ	0.054373	0.028435	7.683527	0.0000
SY	0.065473	0.031099	1.526335	0.0000
HQ	0.021368	0.033763	1.369143	0.0000
TL	0.076547	0.036427	19.21195	0.0000
PF	0.987942	0.039091	17.05476	0.0000
YS	0.467832	0.041755	1.897574	0.0000
HJ	0.078912	0.044419	3.740386	0.0000
PG	0.034213	0.047083	4.583188	0.0000
FZ	0.023451	0.049747	6.425998	0.0000
JY	0.067547	0.052411	7.268856	0.0000
MT	0.087965	0.055075	1.111617	0.0000
HX	0.004563	0.057739	5.954428	0.0000
YY	0.027657	0.060403	5.797226	0.0000
DL	0.031789	0.063067	5.640032	0.0000
XJ	0.065891	0.065731	2.482844	0.0000
NL	0.127819	0.068395	2.325655	0.0000
MC	0.132356	0.071059	2.168461	0.0000
NF	0.131244	0.073723	2.011266	0.0000

续表

变量	系数	标准差	T 值	显著性
SP	0.182678	0.076387	2.854074	0.0000
PC	0.189234	0.079051	2.696889	0.0000
YC	0.245267	0.081715	2.539694	0.0000
	R^2=0.9221	DW=2.6635	SSE=0.0092	

在表 5-4 中,系数一列表示企业环保投资对销售收入的产出弹性,DW 为 Durbin-Watson 检验值,SSE 为估计平方和,R^2 为调整后的可决系数。

三、计算贡献率

为了进一步测定环保投资对经济经济效益的影响的大小,我们设定了另外一个指标——环保投资对经济效益的贡献率 g,用公式可表示为:

$$g = \beta ei \big/ y = \beta \cdot m,\text{其中} m = ei \big/ y, \tag{5-2}$$

第一部分是 β 是环保投资的弹性系数,第二部分 m 是环保投资总额的增加量占企业经济效益的增加量的比例。环保投资对经济效益提高的贡献率意在考察民族地区不同行业的环保投资弹性系数和环保投资份额因素的共同作用。根据计算公式以及环保投资增长率 ei,销售收入的年增长率 y 和环保投资的产出弹性 β 的相关数据,可计算得到 g,结果见表 5-5。

从表 5-5 可以看出,2012—2015 年,民族地区各行业环保投资对销售收入增长的贡献率的平均值波动较大,在 2014 年达到最大为 0.135522502,2014 年最小为 0.000222091,但是这种均值的波动正呈现趋缓的态势。

表5-5　分行业的环保投资对销售收入增长的贡献率

行业	2012年	2013年	2014年	2015年	年度差异	
					均值	平均标准差
QT	0.144116357	0.248288886	0.101095974	0.109696197	0.150799354	0.058542222
FJ	0.014902198	0.025674047	0.010453721	0.011343018	0.015593246	0.006053496
YS	0.019303636	0.033257004	0.013541279	0.014693234	0.020198788	0.007841426
FJ	0.01588386	0.02736529	0.011142346	0.012090224	0.01662043	0.006452262
QC	0.163746915	0.282109122	0.114866585	0.124638272	0.171340224	0.066516448
ZZ	0.003697109	0.006369514	0.00259348	0.002814107	0.003868553	0.001501821
TY	0.015112217	0.026035876	0.010601047	0.011502877	0.015813004	0.006138809
JZ	0.017846961	0.030747391	0.012519439	0.013584466	0.018674564	0.007249702
SY	0.003873472	0.006673358	0.002717196	0.002948348	0.004053094	0.001573462
HQ	0.018828399	0.032438248	0.013207906	0.014331501	0.019701514	0.007648377
TL	0.193192751	0.332839476	0.135522502	0.147051386	0.202151529	0.078477787
PF	0.10834839	0.186666535	0.076005155	0.082470904	0.113372746	0.044012738
YS	0.001066029	0.001836594	0.000747807	0.000811423	0.001115463	0.000433037
HJ	0.005973669	0.010291653	0.00419046	0.004546942	0.006250681	0.002426594
PG	0.010881308	0.018746712	0.007633113	0.008282461	0.011385899	0.00442015
FZ	0.015788947	0.027201771	0.011075766	0.01201798	0.016521116	0.006413707
JY	0.020696587	0.03565683	0.014518419	0.015753499	0.021656334	0.008407263
MT	0.000316600	0.000545450	0.000222091	0.000240984	0.000331281	0.000128608
HX	0.008073866	0.013909948	0.005663724	0.006145537	0.008448269	0.003279725
YY	0.012981505	0.022365007	0.009106377	0.009881055	0.013583486	0.005273282
DL	0.017889144	0.030820066	0.01254903	0.013616574	0.018718704	0.007266838
XJ	0.022796784	0.039275125	0.015991683	0.017352093	0.023853921	0.009260394
NL	0.027704423	0.047730184	0.019434335	0.021087612	0.028989139	0.011253951
MC	0.032612062	0.056185244	0.022876988	0.024823131	0.034124356	0.013247508
NF	0.037519702	0.064640303	0.026319641	0.02855865	0.039259574	0.015241065
SP	0.042427341	0.073095362	0.029762294	0.032294169	0.044394792	0.017234621

续表

行业	2012年	2013年	2014年	2015年	年度差异	
					均值	平均标准差
PC	0.04733498	0.081550421	0.033204947	0.036029688	0.049530009	0.019228178
YC	0.05224262	0.09000548	0.036647599	0.039765206	0.054665226	0.021221734

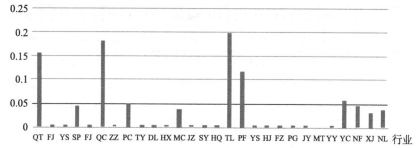

图5-1 2012—2015年民族地区不同行业环保投资对经济增长贡献的平均数

从图5-1和图5-2可以看出，环保投资对企业经济增长贡献率（销售收入）的年度均值在前10位的行业依次是TL铁路、船舶、航空航天和其他运输设备制造业；QC汽车制造业；QT其他制造业；PF批发业；YC烟草制品业；PC计算机、通信和其他电子设备制造业；SP食品制造业；NF农副食品加工业；MC木材加工和木、竹、藤、棕、草制品业；NL农林。其中，铁路等运输设备制造、汽车制造、其他制造和批发这四个行业，企业环保投资对经济增长的贡献率要远远大于其他行业。

在图5-2中共有三条曲线，产出弹性 g 即企业环保投资对经济效益的贡献率。蓝色代表产出弹性 β，即企业环保投资的产出弹性。绿色代表 m，即企业环保投资增长率占企业经济效益增长率比重的平均值。我们可以明显地看到，m 曲线波动很大。m 值最大的行业是HX，即化学原料和化学制品制造业，达到6；其次是QC汽车制造业和TL铁路、船舶、航空航天和其他运输设备制造业,接近3;最低的是SY石油加工、炼焦和核燃料加工业以及MT煤炭开采和洗选业,只有0.1左右。大部分行业数据分布在[0.5,1.5]内,整体来看,FJ非金属矿采选业、YS有色金属冶炼和压延加工业等大多数行业的波动比较稳定。

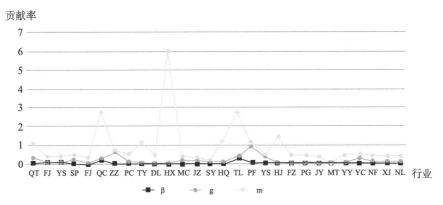

图5-2　民族地区不同行业环保投资对经济增长的平均贡献率以及组成部分

另外,我们可以观察到企业环保投资对其经济增长的贡献率g和环保投资的产出弹性β波动趋势基本相同。少数地区企业环保投资对其经济增长的贡献率主要由环保投资的产出弹性决定,如果环保投资的产出弹性大,也就是说环保投资的效率较高,则贡献率较大。若产出弹性小,贡献率就小。环保投资的效率效应大于投资的规模效应,在短期内,靠改变投资规模能够提高环保投资对企业经济增长的贡献率。但是从长期来看,还需要通过改善环保投资的产出弹性来提高环保投资对企业销售收入增长的贡献率。这就解释了为什么民族地区的批发业环保投资贡献率最高,而化学原料和化学制品制造业、化学纤维制造业的环保投资贡献率最低。在图中,我们可以看到,批发业的环保投资产出弹性系数β为正,而且绝对值最大,因此其环保投资的贡献率最高。而化学原料、制品制造业及化纤制造业产出弹性虽然为正,但是绝对值几乎为0,

再加上环保投资规模很小,所以其环保投资贡献率最低。

四、差异分析

(一)不同行业环保投资的产出弹性差异描述

观察上文表5-4中有关环保投资总额增长率与销售收入增长率的回归结果,即系数一列。极大值为批发业,产出弹性为0.987942,极小值为化学原料和化学制品制造业,产出弹性为0.004563,行业环保投资产出弹性的平均值为0.163227。

可以很直观地看到:一是企业环保投资产出弹性的符号都是相同的,表示从行业的角度,对于民族地区而言,环保投资促进了企业经济效益的提高。二是各行业环保投资产出弹性的差异较大。产出弹性较大、促进效应较为明显的前3位行业分别是批发业、造纸和纸制品业、有色金属矿采选业。产出弹性较小的行业,排在后3位的分别是化学原料和化学制品制造业、化学纤维制造业和纺织业。三是部分行业(包括皮革、毛皮、羽毛及其制品和制鞋业;电力、热力生产和供应业;医药制造业;通用设备制造业;非金属矿物制品业;纺织业;化学纤维制造业;化学原料和化学制品制造业)的环保投资产出弹性都低于建设资金产出弹性(0.043891)。

与普通经济建设投资的产出弹性相比,无法轻易地得出,重污染行业的行业产出弹性就一定更大,环保投资就一定比其他形式的投资更能促进企业销售收入增长。同理,非重污染行业,其环保产出弹性也有可能较高,治污盈利的效果也可能很显著。单纯地运用环保投资的弹性分析,不能很好地反映企业环保投入的选择行为与其经济效益间的直接联系。

在本节的计量模型的实证结果中,传统的产业投资弹性特征归纳和经验总结,不是很明显,需要进一步通过环保投资对企业效益的贡献率来综合分析。

(二)不同行业影响环保投资对企业效益的贡献率分析

部分实证研究表明,企业的行业属性与其环保投资行为之间存在一定联系,重污染行业企业比非重污染企业在环保方面投入了更多资金。从环保投入来看,投资规模的极大值与极小值相差极大,标准差要高于中位数及均值,不同的行业间,环保投资呈现非正态分布。❶

重污染企业(如 MT 煤炭开采和洗选业,YS 有色金属矿采选,ZZ 造纸和纸制品业,SY 石油加工、炼焦和核燃料加工业,HJ 黑色金属冶炼和压延加工业,化学原料和化学制品制造业,PG 皮革、毛皮、羽毛及其制品和制鞋业,YY 医药制造业,FJ 非金属矿物制品业,TY 通用设备制造业,FZ 纺织业,DL 电力、热力生产和供应业,JZ 金属制品业,JY 酒、饮料和精制茶制造业,HQ 化学纤维制造业,YS 有色金属矿采选业,FJ 非金属矿物制品业,XJ 橡胶和塑料制品业)环保投资对企业价值产生较弱的正向联系。

原因之一是,企业为了迎合环保等部门的治污核查,临时上马减少排污的环保项目,这种临时性的投资显然不利于企业价值沉淀的。缺乏长期、持续性的投资,很难为企业带来较高的投资效益。❷

原因之二是,重污染企业大多属于淘汰落后产能产业。过剩产能亟待化解,环保要求在倒逼该类落后产能企业升级。这都影响了环保投资对其经济增长的影响机制。

原因之三是,企业存在时间长,证明它存在的市场是成熟性市场,对价格波动比较敏感。在生产初期,要素及成本投入升高,企业会采取稍微提高售价的方式,用以补充这部分环保投入成本。所以总体上,呈现弱相关的原因有可能是,售价提高后,销量会受影响。销量降低一些,但因为价格上升得幅度更大,总体上显示销售收入提高了。但是对企业而

❶唐国平,李龙会,吴德军.环境管制、行业属性与企业环保投资[J].会计研究,2013(6):83-89.

❷刘常青,崔广慧.新会计准则实施后环保投资对企业价值的影响[J].财会研究,2016(11):40-45.

言,由于成本确实提高了,利润应是降低了。比如,对电力生产行业而言,生产环保电的成本会较高,在实施统一上网电指导价格的前提下,火电生产型企业的成本就相对较低。风电等绿色环保型产电企业需要政府予以补贴,否则难以从较低的上网电价中赚回本钱。环保投入以及经济结构转型,意味着电力生产企业单位电的利润降低,该类企业只能加速生产,结果是应收增加,原因在于加速加量生产,导致销售收入增加。

对农业企业(NL农林,MC木材加工和木、竹、藤、棕、草制品业,NF农副食品加工业,SP食品制造业,YC烟草制品业)而言,从披露的信息发现,环保投资主要集中于清洁项目、环境的自动监控、减排及节水节能设备和系统、热力回收节能改造、雨污水管道工程等。[1]农业企业向环保投入倾斜后,其流动负债会减少,从而有利于其更适当的控制成本费用,积极地扩展销售渠道,提高营业收入,在提升经济利益的同时也塑造了更为良好的企业形象。

除了上述环保投入的积极因素外,农企环保投资的影响效果还有如下方面。因为囿于农民身份转化难问题,农民对所处行业粘性较大。迫于环保压力,农业企业要投入环保。农业企业产品往往是生活必需品,收入是随行就市的,环保投入的多少对其销售影响并不大。消费者对农业企业的最终产成品的价格敏感度偏高。所以,农业企业环保投资对其销售收入影响不大。

制造业(QC汽车制造业,TL铁路、船舶、航空航天和其他运输设备制造业,QT其他制造业)方面环保投入与经济绩效产生了较明显的正向联系。在过去以出口为导向的传统制造企业逐渐倒闭,幸存的许多企业会由于产品质量不符合发达国家绿色技术标准,经常受到来自发达国家的设置绿色壁垒、碳关税壁垒和技术壁垒等方面的诸多限制。

之所以环保投入提升了经济绩效表现,主要因为传统制造企业在主

---

[1]张悦.农业企业环保投资的影响因素研究[J].会计之友,2016(11):44-47.

动对接环保行业,与不同类型的环保企业建立联系,充分利用环保产业链中的各价值节点,满足企业自身的资源诉求。这种制造业与环保业在生产的前端、后端都形成了协同共生格局,既为先驱企业的绿色制造减少了资源浪费,又提高了生产率,促使企业能够享受先动优势,建立牢固的环保形象,提升企业品牌价值,从而占据市场竞争中的有利位置。[1]

高新技术企业(PC计算机、通信和其他电子设备制造业)环保投入和经济效益的正向关系也很明显。高新技术企业,特别是电子信息制造业的绿色发展的经济效益体现在直接效益和间接效益两个方面:直接效益就是指由于绿色生命周期管理给制造者带来的绿色设计、生产等过程中节约的成本,以及电子产品本身给使用者直接带来的经济利益,比如能耗减少、生产率提高等等;间接效益就是指有害物质排放减少、回收和无害化后处理费用降低,从而所带来的经济效益。

经济效益主要体现在如下方面。

一是电子信息产品的绿色环保设计产生的直接收益。例如减少包装带来的运输费用的减少将带来国际运输成本降低。可回收材料的应用不仅增加了产品包装的可回收性,而且大大提高了产品的竞争力,因此整个直接的收益是非常可观的。二是电子信息产品废弃回收品的处理收入及设立回收电子产品的政策而带来在某些国家减免税款的收益,例如日本、德国、美国加利福尼亚州等。三是在通常情况下,某些国家或地区会为履行环保责任的企业设立额外的低息或无息贷款或是额外的税收优惠,这无疑直接为该企业节约了因贷款而产生的利息支出或税收,这是隐含的资金收益。四是因绿色产品的满足的能效认证等级上升而增加的政府采购机会收益。五是由于绿色环保产品的上市和宣传,增加企业在公众中的正面形象,改善或是提升该企业的市场份额;等等。以上环境收益既可以用货币计量手段进行核算和揭示(例如无息贷款或

---

[1]胡峰,张月月,陈力田.传统制造企业与环保企业互动共生中实现绿色升级[J].华侨大学学报(哲学社会科学版),2016(5):48-56.

税收),也可以用非货币性的计量表达形式进行核算和揭示(例如增加企业在公众面前的正面形象,改善或是提升该企业的市场份额)。[1]

高技术企业由于科学技术创新活动具有的外部性和溢出性,利润率本身就很高。从税收收入的贡献可以看出,2007—2013年,我国高技术产业税收收入平均增速在24.6%左右。对比同期制造业整体的增速约为21.1%,高技术产业整整高出约3.5个百分点。从研发资本的角度,研发效率较高的产业还是以IT、PC、通信为代表产业为主,因为这类产业研发投入的规模较大,产生了规模经济性。[2]

(三)贡献率差异

衡量少数民族省区各行业的经济效益贡献率的波动情况,需要引入一个差异指数——平均标准差(S)。平均标准差是测算行业间绝对差异最常用的指标之一,标准差越大,行业指标值绝对差异就越大。计算公式为:

$$S = \sqrt{\frac{\sum \left(Y_i - \overline{Y} \right)^2}{n}}, 其中 \overline{Y} = \frac{\sum Y_i}{n} \tag{5-3}$$

若要衡量各行业内部差异,公式中n代表各年份;$\overline{Y}$代表各行业指标值4年平均值,S代表每个行业的企业指标在4年之间的变化情况。

若要衡量各行业之间的差异,公式中的n代表的就是28个行业,$\overline{Y}$代表的就是每年28个行业指标值的平均值;S表示的是每年指标值的行业差异情况。

无论是从行业内部年度之间还是每年度的行业之间,企业环保投资对其经济增长的贡献率都存在较大差异。

---

[1] 许景浩. 我国电子信息制造业的绿色发展与项目投资决策研究[D]. 北京:华北电力大学,2013:23.

[2] 朱有为,徐康宁. 中国高技术产业研发效率的实证研究[J]. 中国工业经济,2006(11):38-45.

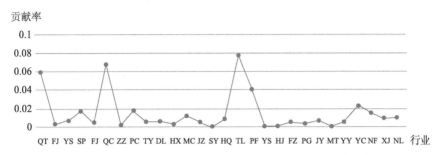

图5-3　民族地区各行业环保投资对经济增长贡献率的年度差异表

从图5-3可以看到,各行业环保投资对企业经济增长的贡献率的年度差异大小不一,差异最大的四个行业分别是铁路、船舶、航空航天和其他运输设备制造业,汽车制造业,其他制造业以及批发业。其余的24个行业的年度差异不大,基本在0.02以下。说明铁路等运输设备制造、汽车制造、其他制造业和批发业,在2012—2015年间环保投资对经济增长贡献率波动很大,其中铁路等运输设备制造业是因为环保投资的产出弹性最大,环保投资规模的细微变化都会反应在贡献率的变化上,因此即使其环保投资的规模变化不是很大,但是其环保投资对经济增长的贡献率波动比较大。汽车制造业的环保投资产出弹性很小,但是其环保投资的规模变化很大,2012—2015年投资有较大提高,所以环保投资对经济增长的贡献率受此影响波动很大。此外,环保投资对经济增长贡献率的差异值并没有明显的行业特征,即不是所有重污染或所有制造业的差异值都大或者都小,行业发展水平的差异只是影响环保投资对经济增长的贡献率差异的其中一个因素,而不是唯一因素。

本节借鉴了叶丽娟在斯诺生产函数的基础上建立的环保投资对经济增长贡献率模型,根据民族地区具体的行业发展特征,利用2012—2015年28个行业在8个省区的面板数据对模型做了适当回归,得到了民族地区各行业的环保投资的产出弹性,并在此基础上计算了各行业环保投资对企业经济增长的贡献率。通过以上的实证分析,本节得到如下结论:

一是每个行业的企业环保投资对经济增长的最终影响方向不是完

全相同的,那么就全部28个涉及行业而言,最终的影响是不确定的,充分表明若利用全国的时间序列数据来研究企业环保投资对经济增长的影响是存在缺陷的,所得结果可能无可避免地会出现偏差。关于民族地区某种行业,其环保投资的增加一定会促进或者阻碍企业的经济增长,这类说法是不准确的,存在片面的地方。

二是每个行业的环保投资对企业经济增长的贡献率存在年度差异,但除了铁路等运输设备制造业、汽车制造、其他制造业以及批发业外,其他的行业年度波动较小,基本是均衡的。每类行业的环保投资对经济增长的贡献率存在区域差异,但是差异呈递减状态,即各个行业的环保投资对企业经济增长的贡献率是趋于一致的,而且在整体上呈现增长趋势。

三是差异的变动轨迹说明,行业或产业的先进程度、发展水平上的差异是影响企业环保投资对经济增长的贡献率差异的其中一个因素,而不是唯一因素。

第二节 实证分析基于面板数据的分省区民族地区企业环保投资对其经济效益的影响

一、变量说明和数据选择(分省区截面数据的构成)

本节以8个少数民族省区为划分,将28个涉及行业,以及134家企业与其所属省份(自治区)相对应,并统计各省区样本企业数量,省区名称缩写分别为广西GX、新疆XJ、青海QH、内蒙古NM、贵州GZ、云南YN、宁夏NX、西藏XZ,具体请见表5-6。

此外,为了提高本部分区域层面实证的准确性,使分析的结果更贴近经济现实。本节用税收调查全国样本中,东部发达省份广东的企业数据作为参照系(省区名称缩写GD)。根据广东省统计局发布数据,2016年广东GDP达到7.95万亿元,增长7.5%,GDP总量连续28年位居全国榜首。❶作为外贸依存度较高的省份,虽然2008年金融危机对广东的冲击最大,但由于广东转型升级也开展得比较早,借助电商快速发展,在外贸出口的增长受阻的情况下,广东工业产品的市场开拓力度不断增大,再加之享受改革开放等政策红利较早,省内产业业态较为丰富,环保投资的投入流向、数量都较为稳定,全省的工业增加值能耗下降比较明显,❷具有较强的参照研究价值。

表5-6 民族地区企业行业分布及数量

民族省区名称	行业名称	各省区企业数量(个)
广西	农、林、牧、渔服务业(1) 非金属矿采选业(1) 农副食品加工业(3) 食品制造业(2) 纺织业(4) 皮革、毛皮、羽毛及其制品和制鞋业(2) 木材加工和木、竹、藤、棕、草制品业(2) 造纸和纸制品业(4) 化学原料和化学制品制造业(8) 橡胶和塑料制品业(1) 非金属矿物制品业(1) 黑色金属冶炼和压延加工业(5) 有色金属冶炼和压延加工业(2)铁路、船舶、航空航天和其他运输设备制造业(1) 其他制造业(1) 批发业(1)	39

❶广东省统计局.省局解读2016年全年广东经济数据[OL].(2017-01-26)[2017-02-01]. http://www.gdstats.gov.cn/gzdt/gzys/201701/t20170126_354141.html.

❷张显华.经济增长缓中趋稳 产业结构持续优化——"十二五"时期广东工业发展情况分析[J].广东经济,2017(1):44-53.

民族省区名称	行业名称	各省区企业数量(个)
新疆	农副食品加工业(4) 食品制造业(1) 石油加工、炼焦和核燃料加工业(1) 化学原料和化学制品制造业(2) 化学纤维制造业(2) 橡胶和塑料制品业(1) 非金属矿物制品业(1) 黑色金属冶炼和压延加工业(3) 有色金属冶炼和压延加工业(1)	16
青海	非金属矿物制品业(1) 黑色金属冶炼和压延加工业(1) 有色金属冶炼和压延加工业(1) 农副食品加工业(1) 非金属矿物制品业(2)	6
内蒙古	有色金属矿采选业(1) 食品制造业(2) 黑色金属冶炼和压延加工业(1) 电力、热力生产和供应业(2)	6
贵州	酒、饮料和精制茶制造业(1) 石油加工、炼焦和核燃料加工业(1) 医药制造业(1) 橡胶和塑料制品业(1) 非金属矿物制品业(2) 金属制品业(2)	8

民族省区名称	行业名称	各省区企业数量(个)
云南	农副食品加工业(5) 食品制造业(1) 酒、饮料和精制茶制造业(3) 烟草制品业(2) 石油加工、炼焦和核燃料加工业(2) 化学原料和化学制品制造业(10) 医药制造业(1) 非金属矿物制品业(8) 黑色金属冶炼和压延加工业(1) 有色金属冶炼和压延加工业(7) 通用设备制造业(1) 汽车制造业(3) 计算机、通信和其他电子设备制造业(1) 其他制造业(1) 电力、热力生产和供应业(2)	48
宁夏	煤炭开采和洗选业(1) 农副食品加工业(4) 非金属矿物制品业(1)	6
西藏	有色金属矿采选业(1) 农副食品加工业(3) 非金属矿物制品业(1)	5

民族省区名称	行业名称	各省区企业数量(个)
广东	医药制造(4) 电子及通信设备制造业(3) 计算机及办公设备制造业(4) 通用设备制造业(6) 交通运输设备制造业(4) 金属制品业(2) 电气机械及器材制造业(4) 通信计算机及其他电子设备制造业(4) 仪器仪表及文化办公用装备制造业(4)	35
合计		169

分别计算出相应的数据,并且按照省区为组分别求平均,从而得到省区的相关观测值,作为回归模型建立的数据基础。

二、方程估计(截面加权估计法)

方法同前文实证分析部分,在此不再赘述。继续用Hausman检验确定应该建立随机效应模型还是固定效应模型。首先建立随机效应模型进行估计,结果见表5-7。

从估算结果来看,资本(C)、环保投资(EI)、经济建设投入(I)、劳动力(L)4个变量的参数估计显著度较高,无法通过检验。整体来看,拟合系数R^2只有0.035267,说明上述4个变量未能完美解释应变量,则该方程的设计就存在很大的问题,需要做进一步的检验和选择。通过进一步的Hausman检验,结果见表5-8。

表5-7　随机模型估计结果

Dependent Variable：Y?			
Method：Pooled EGLS（Cross−section random effects）			
Date: 12/25/16　Time：21:25			
Sample：2012 2015			
Included observations：4			
Cross−sections included：9			
Total pool（balanced）observations：36			
Swamy and Arora estimator of component variances			
Variable	Coefficient	Std. Error	t−Statistic	Prob.
C	0.149054	0.113239	1.237590	0.2184
EI?	0.117835	0.189877	2.452179	0.0579
I?	0.066632	0.022339	10.524937	0.7656
L?	0.008251	0.407756	3.301240	0.0054
Random Effects（Cross）				
GX	0.349741			
XJ	0.397957			
QH	0.500501			
NM	0.289285			
GZ	0.277798			
YN	0.347243			
NX	0.214229			
XZ	0.366782			
GD	0.892384			
	Effects Specification			

续表

			S.D.	Rho
Cross−section random			6.538652	0.0218
Idiosyncratic random			38.76546	0.8913
		Weighted Statistics		
R−squared	0.035267	Mean dependent var		6.628324
Adjusted R−squared	0.034316	S.D. dependent var		25.82475
S.E. of regression	24.54326	um squared resid		154378.5
F−statistic	2.987654	Durbin−Watson stat		3.432675
Prob（F−statistic）	0.006754			

表5−8　Hausman检验统计量和伴随概率计算结果

Correlated Random Effects−Hausman Test			
Pool：Untitled			
Test cross−section random effects			
Test Summary	Chi−Sq. Statistic	Chi−Sq. d.f.	Prob.
Cross−section random	8.456729	3	0.0076

续表

		Cross-section random effects test comparisons:		
Variable	Fixed	Random	Var(Diff.)	Prob.
EI?	0.087456	0.051243	0.0189822	0.4232
I?	0.914728	0.067532	8.5989720	0.5241
L?	0.248541	0.028251	0.148151	0.6333

　　由表5-8可以看出，Hausman检验的检验统计量为8.456729，伴随概率为0.0076。因此，拒绝固定效应模型与随机效应模型不存在系统差异的原假设，建立固定效应模型。这是符合实际情况的，因为本书正是利用民族地区8个省（自治区）的数据来考察环保投资额和经济增长（销售收入）的关系。比较区域差异的，截面单位是总体的所有单位，因此采用固定效应模型比较合适。由于本书的目的是要具体分析各民族省区企业的环保投资对经济增长的影响，所以选择变系数固定效应模型。

　　本书采取的变系数固定效应模型如下：

$$gdp_{it} = c + ai_{it} + \beta_i e_{it} + \gamma l_{it} + \mu_{it} \tag{5-4}$$

其中，i表示28个行业，t表示年份，从2013到2015。

　　其拟合结果见表5-9。从表中可以看出模型的拟合效果很好。调整后的可决系数为0.9467，几乎所有省区的环保投资增长率估计参数在1%的水平下都很显著。

表5-9 环保投资总额增长率与销售收入增长率的回归结果

变量	系数	标准差	T值	显著性
C	0.137865	0.001722	23.40918	0.0000
L	0.009245	0.005428	5.572481	0.0000
I	0.043891	0.009699	3.354769	0.0000
GX	0.0142287	0.009787	8.783871	0.0000
XJ	0.0066415	0.012451	1.626679	0.0000
QH	−0.006031	0.015115	2.469487	0.0000
NM	0.070790	0.017779	3.312295	0.0000
GZ	0.092977	0.020443	8.155103	0.0000
YN	0.0016477	0.023107	2.997911	0.0000
NX	0.057351	0.025771	6.840719	0.0000
XZ	0.029803	0.0078648	13.087659	0.0000
GD	0.037829	0.001821	8.9781911	0.0000

$$t^2=0.9467 \quad DW=2.6572 \quad SSE=0.0042$$

三、计算贡献率

为了进一步测定环保投资对经济经济效益的影响的大小,我们设定了另外一个指标—环保投资对经济效益的贡献率g,用公式可表示为:

$$g = \frac{\beta ei}{y} = \beta \cdot m, \text{其中} m = \frac{ei}{y}, \tag{5-5}$$

其中,第一部分是β是环保投资的弹性系数,第二部分m是环保投资总额的增加量占企业经济效益的增加量的比例,环保投资对经济效益提高的贡献率意在考察不同少数民族省区企业的环保投资弹性系数和环保投资份额因素的共同作用。根据计算公式以及环保投资增长率ei,销售收入的年增长率y和环保投资的产出弹性β的相关数据,可计算得到g,结果见图5-5。

从表5-10可以看出,2012—2015年,各少数民族省区企业环保投资对销售收入增长的贡献率的平均值波动较大,在2014年达到最大值为0.05137,2014年最小为0.027885,但是这种均值的波动正呈现趋缓的态势。

表5-10　分省区的环保投资对销售收入增长的贡献率

省区简称		2012年	2013年	2014年	2015年	年度差异	
						均值	平均标准差
GX		0.076897	0.048286	0.021094	0.096967	0.060811	0.028724
XJ		−0.019098	0.015677	−0.010421	0.011318	−0.00063	0.01454
QH		−0.016936	−0.037004	0.011279	0.014634	−0.00701	0.02122
NM		0.015086	−0.017329	0.011346	0.010224	0.004832	0.012921
GZ		0.166915	0.289122	0.316585	0.128272	0.225224	0.079419
YN		0.003109	−0.006364	0.002348	0.002107	0.0003	0.003865
NX		0.015217	−0.026876	0.010047	0.011877	0.002566	0.017099
XZ		0.057898	−0.043268	0.081298	0.073467	0.042349	0.050143
GD		0.009872	0.028718	0.018752	0.089784	0.036782	0.031319
区域差异	均值	0.034329	0.027885	0.05137	0.048739		
	标准差	0.058883	0.102652	0.102685	0.048125		

从图5-4和图5-5可以看出,民族地区中,环保投资对经济增长的贡献率的年度均值排序为贵州、广西、西藏、内蒙古、宁夏、云南,新疆和青海。其中贵州的环保投资对销售收入增长的贡献率远远大于其他省份。平均贡献率为正数的是贵州、广西、西藏、内蒙古、宁夏、云南。平均贡献率为负数的是新疆和青海。其中贵州企业环保投资对销售收入增长的贡献率高于广东,这意味着并不是所有经济不发达地区的环保投资的贡献率都低。

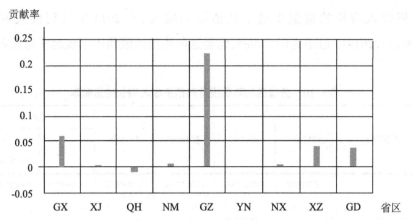

图5-4　2012—2015年民族地区各省区企业环保投资对经济增长贡献率的平均值

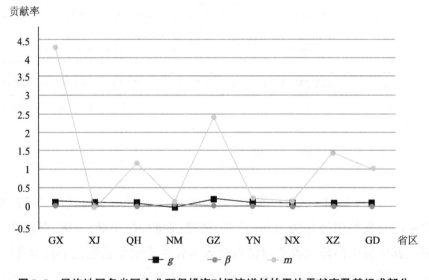

图5-5　民族地区各省区企业环保投资对经济增长的平均贡献率及其组成部分

　　在图5-5中共有3条曲线，g为环保投资对经济效益的贡献率。β为环保投资的弹性系数。m代表环保投资增长率占销售收入增长率比重的平均值。我们可以明显看到，m曲线波动很大。m值最大省份是广西，达到4.3左右，其次是贵州，达到2.5左右，再次是西藏，约为1.5，最低的省区分别是新疆、内蒙古和宁夏。有一半的省区数据分布在区间[0,1]内，另一半省区数据分布在区间[1,4.5]内。整体看，波动大小在少数民族八省区并没有显著的东西差异，波动较大和较小区间内，东西部省区分布比较均衡。

此外，环保投资对销售收入增长的贡献率与环保投资的产出弹性波动趋势基本相同，民族地区企业环保投资对销售收入的贡献率主要是由环保投资的产出弹性决定，若环保投资的产出弹性大，也即环保投资效率较高，则贡献率较大，产出弹性小，贡献率就小。环保投资的效率效应大于投资的规模效应，在短期内，靠改变投资规模能够提高环保投资对销售收入增长的贡献率，但是从长期看，还是要通过改善环保投资的产出弹性来提高环保投资对销售收入的贡献率。这样就解释了为什么贵州环保投资贡献率最高，而青海的环保投资贡献率最低。在图中我们可以看到，贵州的环保投资产出弹性系数为正，而且绝对值最大，所以其环保投资的贡献率最高。而青海的环保投资产出弹性为负，所以环保投资贡献率最低。

四、差异分析

(一)不同省区环保投资的产出弹性差异描述

观察表5-9环保投资总额增长率与销售收入增长率的回归结果，即系数列。极大值为贵州，产出弹性为0.092977，极小值为青海省，产出弹性为-0.006031，少数民族省区企业环保投资产出弹性的平均值为0.033425。

可以很直观地看到：一是各少数民族省区，区域环保投资产出弹性的符号不完全相同。其中青海省的产出弹性符号为负，表示该省企业的经济效益随着环保投资的增加而减缓。作为我国水源重要涵养地，青海的经济发展是必须要兼顾生态保护的，企业在环保领域享受许多补贴，支撑其较为明显的环保投入,自身经营个体的销售收入却未相应提升。但是往往这一地区企业创造的生态价值是较大的,社会环保效益较高。

二是各少数民族省区环保投资产出弹性差异较大,产出弹性较大、促进效应较明显的前3位省区分别是贵州、内蒙古和宁夏。排在第一的贵州省产出弹性为0.092977,甚至高于广东省的0.037829。产出弹性较小的省区,排在后3位的分别是青海、云南和新疆。

三是贵州、内蒙古、宁夏三省区的环保投资产出弹性高于建设资金的产出弹性(弹性为0.043891),其余地区都低于建设资金产出弹性。

(二)不同省区内企业环保投资对其效益的贡献率分析

从表5-10可以看到民族地区企业的所在区域属性与其环保投资行为之间也存在一定的联系。通过关系表5-10中的均值,从环保投入上来看,投资规模的极大值与极小值的差距也非常大,标准差也要高于中位数和均值。不同的省区之间,企业环保投资呈现非正态分布。青海(-0.00701)、新疆(-0.00063)两省区内的企业,其环保投资对销售收入,企业价值的增长产生了较弱的负向联系,贡献率多个年度为负,年度差异均值也为负数。云南的贡献率均值虽为正数,但是数值为0.0003,绝对值很小,可见云南省内的企业环保投资对销售收入增长产生了较弱的正向联系。原因在于:对这三个省区而言,由于技术创新的乏力,在产业转型上面仍然沿袭过去陈旧的,依靠要素投入拉动发展的方式。产业转型过晚以及过慢,导致上述地区产业发展仍然需要消耗大量的资源要素。发展方式的改变只发生在规模及数量上面,并未真正实现技术创新提升效率。高科技企业占比较低,虽然已能窥见技术创新壮大的力量,但环保投资带来的技术进步对传统行业产生的渗透效用还不够明显。❶从表5-6中可以看出,上述三省四年来持续在环保设备投入的高新企业样本不多,云南仅1家。

---

❶张凤丽.资源环境约束下新疆产业转型路径研究[D].石河子:石河子大学,2016:78.

对于宁夏、内蒙古、西藏、广西四省区而言,其区域内的企业环保投资,对企业价值增长的正向联系要更为明显。目前受工业产业结构调整、节能降耗、产能过剩、工业品持续量价齐跌的不良因素影响,上述四省区传统产业为主的工业增值模式受到冲击。以宁夏为例,2015年其重工业比重达到85.6%,六大高能耗的产业占工业总体的56.4%,能源消耗量占78.2%。煤炭、电力、冶金等高能耗行业开工面不足,停产面很广。电力行业的增幅受差别电价、直接交易电量让利,以及国际下调上网电价、外送电大幅下降的因素影响,仍在下降。●

但是,新兴产业已经起步,其弥补经济下滑和同步拉动税收增长的即时效应即将体现。对于拥有核心技术、产品销路有保障的企业而言,环保投资涉及资金周转和外界融资渠道都比较顺畅,因而升级换代较为顺利。所以,环保投资对销售收入促进作用不明显主要应是中小企业融资问题。当然国有企业受经济周期影响和结构调整的干扰,金融体系收缩对其的信贷投放或股权投资,也会造成环保资金不足。特别是广西区,从表5-6中企业行业分布可以看出,黑色金属加工、化学原料等传统工业企业仍在持续投入环保设备运维,分别有5家和8家企业,而新兴行业尚未出现在调查之中。宁夏和内蒙古的样本企业数量本身就不多,也主要以传统资源型工业企业为主。

对于贵州而言,这种正向联系更加突出,甚至要高于广东省。原因是贵州致力于因地制宜大力发展符合本地区特色的绿色产业,依托已有的丰富资源不断地延伸产业链条,使产品附加值得以提升。通过加大特色农业的投入和引进大数据产业,来完善其自身的产业结构。此外,贵州省的气候终年宜居,善用这一气候优势,贵州改善了基础设施,尤其是

● 苏明,傅志华,赵福昌,等. 西部地区"降成本"调研思考与相关建议[J]. 财政科学,2016(10):8-34.

对外运输和交通业,从而开拓了旅游市场,走上清洁发展道路。●

贵州有着丰富的煤炭资源,其能矿产业一度辉煌。在淘汰落后产能方面,比如在加速推进供给侧结构性改革、去除钢铁粗钢产能上,贵州省针对钢铁行业过剩产能,2016年出台《贵州省钢铁行业化解过剩产能实现脱贫发展实施方案》,针对煤炭行业出台《贵州省关于煤炭行业化解过剩产能实现脱贫发展的实施方案》。开展的专项督查重点在国家、省规定的时限内,对低效产能进行化解,分流安置涉及职工,做好资产重组;坚持市场倒逼与政府支持相结合的方式,控制总量、淘汰落后、改造技术,以及优化结构。产品结构调整方面,认准市场需求,稳定优碳钢、合金钢、高钎钢、易切钢等优势产品市场地位,加速研发合金钢、钢帘线用钢、重型钎杆、球齿钎头、易切削钢等高价值附加、高技术含量的新产品。

对于企业积极退出淘汰产能等方面,根据企业退出情况,落实对企业进行结构调整赋予的奖励补助,给予资金支持。对钢铁公司积极研究变废为宝,将余压余热用来发电,运用资源综合利用减免增值税财税政策予以帮扶。专项督查就资金拨付问题,特别省内各级政府要严格确保资金足额拨付。

省政府支持钢铁公司在严控新增产能用地用矿前提下,适度改变土地用途,盘活土地资产。若土地用途转变为国际鼓励发展的生产性服务业,按照五年期限继续批准公司沿用原用途和权利类型去合理使用土地。在金融财税政策的优惠支撑上,省内金融机构强化对抵债资产处置帮扶力度,促进钢铁行业涉及待处理不良资产的处置进程。

截至2016年年末,去除过剩产能效果是贵州全省完成粗钢产能压缩的里程碑,即首钢水城钢铁压减150万吨,黔东南州万顺钢铁压减70万吨。煤炭方面,截止到2016年11月,全省已关闭煤矿102处,压缩产能

●曾捷.新型城镇化建设与生态环境保护——基于贵州城镇化建设情况的思考[J].东方企业文化,2015(17):218-221.

1624万吨。❶

贵州省内环保投资对企业销售收入的增长促进作用,意味着环境规制严格度的增加,直接导致了生产效率较低的落后企业经历了多因素生产率的下降。而贵州整体行业生产率的提升正是由于部分低效率企业被逐渐淘汰的结果。

（三）贡献率差异

衡量各个少数民族省区之间的经济效益贡献率的波动情况,需要引入一个差异指数,即平均标准差(S)。平均标准差是测算地区间绝对差异最常用的指标之一,标准差越大,地区指标值绝对差异就越大。计算公式为:

$$S = \sqrt{\frac{\sum\left(Y_i - \overline{Y}\right)^2}{n}}, \text{其中}\overline{Y} = \frac{\sum Y_i}{n} \tag{5-6}$$

若要衡量各省区内部差异,公式n代表各年份,代表各省区指标值4年平均值,S代表每个省区的企业指标在4年之间的变化情况。

若要衡量各省区之间的差异,公式中的n代表的就是8个省区,代表的就是每年8个省区指标值的平均值,S表示的是每年指标值的区域差异情况。

---

❶田锦凡.供给侧结构性改革初显成效,220万吨粗钢去产能任务提前完成——钢铁行业领衔贵州去产能[J].贵州政协报,2016-11-15(B04).

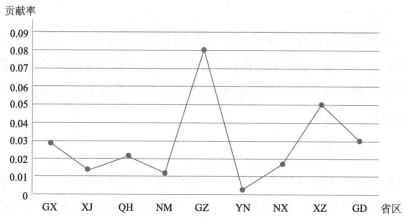

图5-6　民族地区各省区企业环保投资对经济增长的贡献率的年度差异表

从图5-6可以看到,各省区环保投资对销售收入的贡献率的年度差异大小不一,差异最大的是贵州,其差异远超其他的民族地区。除了贵州省,西藏在2012—2015年间环保投资对销售收入增长贡献率波动很大,其中贵州省因为环保投资产出弹性最大,环保投资规模很小的变化都会反映在贡献率上,故而即使环保投资产出弹性不是很大,但其环保投资对经济效益的贡献率波动比较大。西藏的环保投资产出弹性很小,但是其环保投资的规模变化较大,所以环保投资对于企业销售收入增长的贡献率受此影响波动很大。我们通过比较这种贡献率层面的年度差异,还发现少数民族省区,环保投资对企业经济效益贡献率的差异值并没有明显的地域特征。加之广东省作为参照系,我们清楚地看到,经济发展水平差异是影响环保投资对企业经济效益的贡献率差异的其中一个因素,而不是唯一因素。

（四）销售收入是否是影响环保投资对企业效益贡献率的唯一因素

企业的发展水准和阶段对环保投资策略的应用、实施有着综合的影响。在企业发展初期,销售收入不高,用于环保的投入比例总是很小。只有国家积极给予补助或是企业通过自己的资金沉淀,发展壮大到一定规模后,环保投入才能在比例和总量大幅提高。也就是说,对少数民族民族地区而言,企业在达到环保生产的"门槛"之前,都会优先发展与提高企业经济效益更为相关的其他经济建设投资,环保投入远远未能达到最优比例。只有随着自身收入的提高,企业突破治污"瓶颈",对环保质量的要求增加,才能相应增加环保投入,环保投资也会逐步优化企业经济增长。

(五)影响环保投资对民族地区企业效益的贡献率的因素

自然环境条件恶劣、生态保护位置较为重要省区,承载了更重要的防污治污任务,也承接了更严格、系统宏观区域性环保政策。环境压力通过相关的环保政策层层传导,影响这部分民族地区企业的经营和投资行为。

但是区域性政策的设定还是需要考虑少数民族省区的区位因素和既定产业政策、产业优势和布局。以贵州为例,根据本书第四章的相关介绍,贵州对全省规模以上工业增加值贡献较大的行业主要有酒、饮料和精制茶制造;煤炭开采和洗选业;电力、热力生产和供应业。在稳定已有发展优势和地位时,政府在高技术产业、科研和技术服务、租赁和商务服务、生物制药行业等方面,不断加大投资。产业政策与企业自筹资金共同构成了产业循环发展动力,获得行业发展先机的贵州企业在依靠政府产业政策帮扶的同时也主要运用自身留存利润进行环保投资。这种理性的投资方式,一方面设计运用最小化的留存收益挤出,有效地使这部分收益产出最大;另一方面积极扩大企业内部的研发投资,开发环境友好型产品,跟上政府鼓励高技术相关产业发展的步伐。❶

---

❶原毅军,孔繁彬.中国地方财政环保支出、企业环保投资与工业技术升级[J].中国软科学,2015(5):139-148.

青海、新疆、云南等省区处于重要生态功能区，中央和地方政府通过转移支付的方式，重点在上述省区建立生态补偿机制，积极地将少数民族精准扶贫与生态建设统一起来。所以，经济建设并不是上述地区唯一的发展要务。贵州相对于上述省区，市场经济更健全，经济基础更雄厚，特色产业，特别是农业产业化、新能源、新技术的研发步伐更为快捷，科技推动企业绿色转型的效果更为明显。企业是社会经济发展的具体实践和承担者，同时也是社会发展问题的具体承担和解决者。真正要发挥企业在绿色发展中的主体作用，做出实际成绩，没有政府生态建设涵养等方面转移支付，这些企业就需要自己想办法，提高环保投入，推进自身的技术创新，做到生产全过程的资源高效利用、清洁生产、循环利用，促进自身产业升级。❶而青海、新疆、云南等西部生态屏障省区，依靠财政转移探索绿色发展之道的领域可能更多，不能仅仅靠市场经济进行调节。

实证分析第二部分的结论大致是，在区域层面，贵州的环保投资产出弹性系数为正，而且绝对值最大，所以其环保投资的贡献率最高。而青海的环保投资产出弹性为负，所以环保投资贡献率最低。从环保投资的平均贡献去总结，这种正向的促进效果较为明显的民族省区依次为贵州、广西、西藏、内蒙古、宁夏、云南，平均贡献率较低的省区有新疆和青海。此外，贵州的贡献率高于广东，也证实了并非所有经济不发达企业的环境保护投资对其经济效益的贡献率都很低。

---

❶张乾元，苏俐晖.绿色发展的价值选择及其实现路径[J].新疆师范大学学报（哲学社会科学版），2017（3）：25-32.

第六章　研究结论与政策指向

第一节　研究结论

近几十年来,民族地区的经济得到极大发展,环境问题也变得越来越严重,越来越大程度地制约少数民族经济和地区经济的发展速度与质量。环境规制愈发严格的制度背景下,与公共投资同样重要,甚至更为重要的企业环境保护投资是实现企业经济效益和环境效益双提高、民族地区环境和经济协调可持续发展这一目标不可或缺的投资。环保投资的有效利用可以改善环境质量已是毋庸置疑,但是环保投资对民族地区企业经济增长的影响尚不能完全确定。本书在理论分析的基础上对中国8个少数民族省区企业的环保投资对经济增长的影响进行了实证分析,得到的结论有以下几个方面。

一、行业结论

第一,在柯布—道格拉斯生产函数模型的基础上,利用2012—2015年8个少数民族省区28个行业137家企业的面板数据进行回归分析,发现我国民族地区每个企业环保投资的产出弹性存在行业差异,但总体而言,环保投资都能够促进企业经济增长。

第二,企业环保投资对经济增长的贡献率的年度均值排在前5位的行业依次是铁路、船舶、航空航天和其他运输设备制造业(20.22%),汽车制造业(17.13%),其他制造业(10.97%),批发业(11.34%);烟草制品业(5.47%)。年度均值靠前的行业中,制造业的占比较大。就截面来看,除了铁路、船舶、航空航天和其他运输设备制造业,汽车制造业,其他制造业及批发业,其他的24个行业的年度差异不大,基本在0.02以下。环保投资对企业经济增长贡献率的差异值并没有明显的行业特征。

第三,民族地区行业之间企业环保投资对于其经济增长的贡献率和环保投资的产出弹性二者的波动趋势是相同的,说明提高环保投资对经济增长的贡献率,在短期内可以通过改变环保投资规模来实现。但若要该种贡献持久,解决之道还是在长期内改善环保投资的产出弹性。

第四,环保投资对企业经济增长的影响行业差异产生的原因在于行业间产值创造水平。行业整体的经济发展水平对每个企业环保投资的规模起着综合影响,产值水平的高低决定了环保投资的规模大小。而民族地区落后产能行业正在经历市场控价、产值下降的阵痛期。

企业环保投资对经济增长的贡献率的年度均值排在后5位的依次是煤炭开采和洗选业(0.033%);有色金属矿采业(0.111%);造纸和纸制品业(0.39%);石油加工、炼焦和核燃料加工业(0.41%);黑色金属冶炼和压延加工业(0.63%)。观察上述行业特征,产品大致属于后续行业的原材料,具有要素生产及落后产能集聚的双重特征。

民族地区承接了不少东部发达地区的淘汰落后产能。这部分产业多是生产要素生产企业。环保投入自然会增加企业的经营成本,为了维持企业正常发展所必需的利润率,企业势必提高产品价格。而作为淘汰的落后产能,对生产要素的市场价格,政府是予以限制的。产品价格无法通过同比例的上调,来反映环保投入引起的企业生产成本上升。生产要素的价格无法迅速、真实、准确地反映环保投入。此外,在生产要素市场,竞争是充分的,厂商是市场价格的被动接受者。企业的经济效益差异决定了环保投资的规模,从而影响环保投资的产出弹性和经济增长的贡献率。

第五,结合环保目的在内的投资策略确保了高科技行业环保技术的进步,从环保投资的规模和运营效率两方面促进了生产率提高,增加了环保投资对企业经济增长的积极影响。以PC计算机、通信和其他电子设备制造业(环保投资对经济增长的贡献率的年度均值为4.95%)为代表的高科技企业,其环保投入带来的经济增长就较为明显的。

若一味沿用原有的生产性投资策略,提高生产性的技术水平,由此引起的生产性技术进步可能会使企业单位产出的环境污染量降低,但随着产出不断增加,废气或废水等污染排放的总量可能会增多,治污效果反弹,对企业之前的环保投入产生挤出效应。相反,对民族地区的高科技行业而言,由于使用了新的工艺、技术和环保设备,环保技术水平促进了生产效率的提升,产品的质量有了显著提高,从而原材料一端生产要素价格的上涨可以最终传导到企业的产品定价上。作为非生产要素生产企业,才有可能在淘汰落后产能的政策背景下,真正成为产品价格的制定者,做到"我来定价",将生产要素市场的价格压力,从生产链条的前端环环向后,层层传导到末端。

二、区域结论

本书前面部分已分析不同行业环保投资对企业经济增长的贡献率差异,并探讨一些影响因素的影响目标指标的关联系数以及关联程度;把握了从行业角度弥合省区间环保投资对企业经济效益增长贡献率差异的总体政策走向。从区域角度,民族地区与非民族地区相比,民族地区内部各省区之间相比,由于区域特点不同、分布行业的污染程度不同,各省区实施的产业政策也不尽相同。环保投资对企业销售收入的影响,与企业所处省区的产业特点、产业政策,有很大关系。

第一,在柯布—道格拉斯生产函数模型的基础上,利用2012—2015年8个少数民族省区28行业137家企业的面板数据进行回归分析,发现我国民族地区8个省区企业环保投资的产出弹性存在区域差异,广西、新疆、内蒙古、贵州、云南、宁夏、西藏7省区企业的环保投资的增加能够促进其经济效益增长,而青海的企业增加其环保投资反而减缓了经济增长的速度,这个结论符合本书对于企业环保投资对经济增长的影响存在区域差异的推论。值得关注的是贵州,环保产出弹性甚至高于参照省份广东。另外,在区域层面,除了贵州、内蒙古和宁夏3省区,其余的省区环保投资为企业带来的经济增长都没有其他投资(建设资金)的经济效益好。

第二,企业环保投资对其经济增长的影响程度即环保投资对企业销售收入增加的贡献也存在较大差异。从截面来看,除了贵州(贡献率年度差异为8%)、西藏(5%)外,其他6个省区的年度差异不大,基本在3%以下。企业环保投资对其经济增长贡献率的差异值并没有明显的经济地带的地域特征。

第三,少数民族各省区间的企业环保投资对于经济增长的贡献率和环保投资的产出弹性二者的波动趋势相同,说明民族地区企业环保投资对销售收入的贡献率主要由环保投资的产出弹性决定。贵州的环保产出弹性为9.30%,青海为-0.60%,解释了为何青海省和贵州省都有着类似的环保投资与销售收入增长率之比,而贵州却有着骄人的环保投资贡献成绩。

三、政策建议

第一,传统制造行业环保投入的经济绩效表现可以很卓越,但是需要进行必要的改造。研究中铁路、船舶、航空航天和其他运输设备制造业,汽车制造业,其他制造业,烟草制品业等制造业环保投入经济绩效都不错。因为政府主导的环保投资多应用于城市环境基础设施建设方面,而企业的环保投入更多地用于治污染源治理等方面,公共和企业的环保投资乘数不尽相同。故政府应鼓励制造行业在产品研发、原料选择、工艺设计、技术进步、生产管理的各环节都与环保企业结合。这样符合从末端治污向前端、两端治污的治理理念,符合循环经济、低碳经济的发展特征。该种协同共生的发展格局,需要政府引领。随着企业环保生产技术的进步,类似于环保设备购入、设施的运行维护投入,都将增加环保投资品的投资。企业环保技术进步,环保投资的规模也将大幅提高。这种制造业改进与环保产业促进,会同步解决传统制造业的资源缺口与环保产业的需求缺口。

第二,学理方面,在研究制定企业层面环保投资对经济增长的政策还是不宜采用统一的区域性政策。因为中国版图幅员辽阔,民族地区风土人情、人口素质、企业家自我认知,以及产业发展阶段都不尽相同。区域发展不平衡,各省区的环境规制强度也有差异,产业结构变迁身处不同阶段。东部省份已处于注重内涵发展的阶段,而西部民族地区仍处于外延式发展阶段。[1]但是行业政策具有普遍性的作用,行业之间有共性。建议弱化区域政策,地区政策制定以行业为导向。区域特点最终还是归结于行业的特点。从行业角度提出环保政策,因地制宜,尊重、符合民族地区的行业规律,及早地使行业政策匹配环境规制增强的步伐,促使民族地区企业跨越治污门槛,完成产业转移与结构升级。

第三,行业层面,行业政策应有所侧重,不可盲目施策。就本书研究的28个行业样本,整体而言,环保投资对民族地区企业是促进其经济增长的。随着环境规制政策进一步严格,仍然处于较低生产率水平的企业将会经历多种因素生产率的下降,从而被淘汰出局。但是,目前看来整体行业的生产率还是在提升的。要鼓励环保投资产出弹性较低的、贡献率较低的行业发展规划向本书研究中显示的铁路、船舶、航空航天和其

---

[1]钟茂初,等.环境规制能否倒逼产业结构调整——基于中国省际面板数据的实证分析[J].中国人口资源与环境,2015(8):107–115.

他运输设备制造业、汽车制造业看齐。

作为产业政策与环境政策的制定主体,政府要注重企业环保投资发挥其提质增效的功能。环保投资对企业而言,应与其所属产业遵循制造业、先进制造业、高端制造业,再到现代服务业、生产性服务业的动态演进同步。传统制造业要积极和环保产业在各阶段融合,此种融合可依托产业园的统筹规划,制造业的区位布局设计可考虑配套其适用的环保企业。最终,形成制造业与环保行业共享共生、互相满足资源诉求的和谐产业生态。

在这一过程中,也可适度考虑融入当地教育资源,加大民族地区大专院校及研究机构的知识转移应用与人才的复合转化。使当地毕业生融入形成规模效应的环保制造业园区。加大这一类园区的环保企业补助投入,提高环保科研能力,鼓励环保技术就地转化为制造业的创新成果。最终达到同一区域内不同行业间的环保技术共享,使得环保技术进步成果惠及多个行业、多个区域。

第四,区域方面,一方面,培育创新性高科技企业。贡献率较低的3个省区青海、新疆、云南要注意帮扶较低生产率的企业提升其竞争力,实现创新驱动的内生性增长。对履行环保责任的企业,针对其环保投资部分应设立额外的低息或无息贷款,或是其他形式行业政策导向型的额外优惠。这也符合目前对民族地区区域性优惠政策清理的要求。通过对企业节能减排等环保技术创新给予一定的政策支持和奖励,如提供绿色信贷等,也能起到驱动创新的作用,从而积极培育创新性高科技企业成长的土壤。另一方面,抓住中小企业这一民族地区环保投资增效的"牛尾巴"。扩展融资渠道,完善投融资政策,加大风险投资等金融手段,多方面、多层次,有效促进高新技术产业资本的形成。鼓励个人和家庭的直接或者间接环保投资。为了达到这一要求,可积极完善现有的环保投资机制,创新环保投资形式,借鉴股票投资机制,成立专门环保投资机构,不仅面对特定的对象募集环保基金,还可针对社会闲散公众和机构募集环保基金。

第二节　研究局限和未来展望

本书写作过程中,确定环保投资的内涵,调整环保投资的调查范围,建立科学的环保投资统计方法,合理反映环保投资的真实状况。明晰民族地区企业主体按照环保支出的属性和环保支出发生的环节对环保支出的来龙去脉进行系统性的描述。完善环保投资方面在民族地区的研究空白,但囿于目前的税收调查表样,对环保投资方面设定的栏目、栏次还是过少,致使以环保为准提的研究样本数量不够多,在数据年份上,涉及环保投资的数据上报也不够久,这些问题都可能对研究的样本产生影响。

随着税收调查工作进一步开展,关于环保投资的调查内容将进一步增多,与企业填报的环保部门报表更契合,后期要做好持续跟踪,挖掘更多的价值。比如,运用多种计量方法,全面测度我国各省份企业环保投资对经济效益的影响;结合行业、地区、污染程度与其产业绩效、财务绩效,从博弈论等视角对微观层面环境规制对企业绩效的影响机理做后续研究。

民族地区的范围可由省区延伸到自治州、自治县,形成地市一级、区县一级的分行业、分区域环保投资的效益结构,并提出对应的政策。

后　　记

在交付终稿的最后几周内,我一直在思量创新的问题。回忆开题,乃至更前期的复习备考、入学学习,我一直在回忆这三年学术的创新何在,自己的创新又何在。槐花香来,打断了回忆。也许,复习多年,重回母校,重新遇见师长,遇见同窗;重新遇见自己,遇见知识,挖掘内在的力量,就是创新的内涵。

成事,依靠态度及能力。治学之路绝无捷径!入樊胜岳教授师门攻读博士学位,规矩做学问是过的第一关。突破自己,以更为端正、严谨的治学态度来开展经济学研究;以壮士断腕的决心去弥补短板,潜心治学,促使认识提高。第二关,樊老师注重学生科研能力的培基固本,提倡内部挖潜,对弟子的能力培养体现在我博士学习的各阶段:从方法论的启发传授,到生态经济、计量经济等课程的重新洗礼,再到后来反复研讨毕业选题,最后淬火般地提炼论文精华。樊老师的严格要求,谆谆教诲,使我受益匪浅,坚定了积极向上的学术信仰,更促成我养成了踏实而活跃的研究习惯。樊师从方方面面给予了我人生路上明灯般的指引与鼓舞,使我在繁杂和混沌中获得温暖和慰藉。在此,深深感谢恩师樊胜岳教授!

大学之道,在于真的懂爱,懂感恩。在此,我还要感谢刘永佶老师,两年的课堂研讨、学业交流让我受益匪浅,懂得了思辨的重要,帮我重新形成了自己的洞见,感谢您的启发与指导!我还要感谢张丽君老师,她在繁忙的工作之余对我的学习和生活给予了莫大关心与帮助,帮我掌握了更强大的定力和驾驭变化的力量,感谢您的鼓励和关爱!

感谢王文长先生、李克强先生、谢丽霜先生、黄健英先生、罗莉先生、李澜先生、杨思远先生等经济学大家对我的传道授业,解惑指导。他们渊博的学识、严谨踏实的治学态度和热情澎湃的钻研精神令我叹服,为我树立了人生榜样,使我在今后的工作学习中,不断鞭策自己,砥砺前行。

2014级中国少数民族经济专业的同学及各位师兄弟姐妹,感谢我们一起度过的难忘岁月。感谢你们和我一起快乐中学习,学习中快乐,让我收获了终生受益的交流,构建起一个迸发出高端思想和知识的平台。在此表示最真诚的感谢! 徐裕财师弟、赵丹华师姐、聂莹师姐、高桃丽师妹,还有你们,那些可爱、活泼、富有极大创造力的樊门师弟师妹们,感谢你们让我看到了智慧的创造,体味到了家庭的温暖,祝愿我们的同门之谊愈发深厚,历久弥新!

感谢我的家人,感恩我的父母、岳父母和爱人苗思露博士,没有他们的物质馈赠和精神支持,我无法安心于纷扰变化的俗世,坚持完成我的学业。人说三十而立,我很惭愧,三十已过两载,却未能做到稳扎而立,更未能做到反哺父母,照顾家人。虽然他们对我并无任何要求,唯一希望的可能只是多一些陪伴,我却借工作缠身、学业繁忙等种种理由屡屡爽约。感谢我的爱人,你让我看到了萌芽新生的力量,一鼓作气的飒爽。祝贺你顺利毕业,获得文学博士学位! 感谢你与我一起体味学士和博士二个阶段的同窗情怀! 这三年我们的生活和工作历经挑战,所幸都能攻坚克难,再上层楼。这些年我们携手走过,有你的爱护和鼓励,怠懒如我才能鼓起勇气,努力奋进,面对挑战。

唯一不变的,是变! 现在重读论文,仍然能窥见那个兼顾学业、工作和家庭的我,一路狼狈,跌跌撞撞,故论文必然存在诸多粗浅不足和待商榷之处,只有寄希望于未来一刻不停的创新与思考,加以弥补。